辅助美育

听姜德明说书籍装帧

海天出版社(中国·深圳)

姜德明 著

徐雁 陈欣 马德静 编注

姜德明先生在书房

文人参加新文学版本的设计,是我国现代书籍装帧艺术史上的一大特色,形成了新文学版本浓郁的文学气息和丰富多样的色彩。事实证明,这因鲁迅先生的重视和提倡分不开。有的时候读者欣赏和购买一本书,不全是因为本书的内容,而是为了版本形式的优美而动心。

姜德明

目录

《野草》忆往　　001

　　　　　　　　007　　丰子恺的封面画

纯朴和率真　　014

　　　　　　　　017　　单纯的美

钱君匋的封面画　　022

　　　　　　　　030　　钱君匋的追求

钱君匋的刊头画　　032

　　　　　　　　034　　钱君匋装帧画例

《山中杂记》　　037

　　　　　　　　040　　闻一多的封面画

闻一多佚画　　046

　　　　　　　　049　　《忆》的"双美"

陈之佛　　052

　　　　　　　　056　　司徒乔的封面画

叶灵凤的画　　059

	062	朋弟小记
卞之琳与封面装帧	067	
	073	叶浅予的封面画
特伟的封面画	076	
	081	老索
李广田的《引力》	086	
	092	冰兄的风格
夏衍与《守望莱茵河》	097	
	101	致丁聪
《围城》的封面	106	
	110	《西厓装饰画集》
念辛之	113	
	118	《冬夜》种种
《西还》前后	122	
	126	林辰的赠书
郁风・袁水拍・向日葵	129	
	135	照片入封面
叶鼎洛的插画	139	
	144	《鸭的喜剧》插图

《浮士德百卅图》	148	
	155	比亚兹莱与《莎乐美》
《琵亚词侣诗画集》	159	
	163	舒新城的摄影艺术
萧乾的题跋	166	
	173	仓夷的《幸福》
《为书籍的一生》	176	
	180	书籍装帧的艺术魅力
《书衣百影》序	187	
	194	《书衣百影续编》小引
《插图拾翠》前言	197	

207　徐雁："美的封面,可以辅助美育……"(编注者后记)

《野草》忆往

我没有专门收藏过鲁迅①作品的初版本,只想有了一部《鲁迅全集》便很满足了。因此,这也证明我从来不是什么藏书家。其实在那旧书易得的年月里,你若想在冷摊上多流连一会儿,总可以找到几本毛边的鲁迅作品初版本,凑成全套也不是没有希望。

寒斋到底也藏有几本鲁迅先生著作的初版本,且是有意搜访来的,如《野草》便是。说起来不是有点矛盾了吗?我也是难逃天下爱书人的通病,出于一种藏书的趣味而已。《野草》1927

---

① 鲁迅(1881—1936),文学家、思想家、革命家。字豫才,浙江绍兴人。1918年首次用"鲁迅"做笔名,发表中国现代文学史上第一篇白话文小说《狂人日记》,奠定了"新文学运动"的基石。有短篇小说集《呐喊》《彷徨》,杂文集《坟》、《热风》《华盖集》《而已集》《二心集》,散文诗集《野草》,回忆性散文集《朝花夕拾》,中篇小说《阿Q正传》,历史小说集《故事新编》。大力翻译外国进步文学作品,介绍国内外著名的绘画、木刻,学术作品有《中国小说史略》《汉文学史纲要》,整理《嵇康集》,辑录《会稽郡故书杂录》《古小说钩沉》《唐宋传奇录》《小说旧闻钞》等。

年7月由北新书局初版,封面是鲁迅的朋友孙福熙①画的,书名为鲁迅所书,作者署名"鲁迅先生著"是编者加的。鲁迅提出改正,到1928年1月发行第三版时删去了署名后的"先生"二字。若讲趣味,藏有这两种版本才好比较。为此我又收藏了一本封面署名无"先生"二字的《野草》第十版,那是1933年3月出版的。鲁迅生前,《野草》一共印行了十一版。当然,这不包括前后各地印的盗版本和正式翻印本。

我之所以要收藏六版后的《野草》,不仅因为封面不同,还涉及现代文网史上的一段掌故。本来从《野草》初版到第六版,书中都收有《题辞》;从1931年7月的第七版起,《题辞》却被当局强行删去。鲁迅先生的一段题辞竟如此让统治者害怕,保存一本没有《题辞》的《野草》,也是给国民党摧残进步文化留下一点实证。如果说这也算玩版本的话,我以为这是无可厚非的。有些历史陈迹和细节,我们不应该忘记和忽略,否则变成了给恶人留情,有意无意地掩盖了对手的劣迹。这种健忘和宽容是要

---

① 孙福熙(1898—1962),散文家、美术家。字春苔,浙江绍兴人。1920年赴法留学,开始写作散文。1925年回国,先后出版散文集《山野掇拾》《归航》《大西洋之滨》,小说集《春城》等,主编《艺风》杂志。1930年,再次赴法,在巴黎大学选听文学和艺术理论讲座。1934年至1937年先后在上海、南京、广州、北京等地举办全国性美展"艺风展览会"。著有《三湖游记》《早看西北》《法国路易十四时期的建筑风格和装饰艺术》及《孙福熙画集》等。

不得的。

我的收藏《野草》,还出于它可以引起我少年时代的一段联想,当时我还是个小学生,根本不懂鲁迅,何况又是不易理解的带有哲理性的散文诗《野草》。

我家在天津开纸店,父亲租用了临街一家大客栈的几间门面。店内后门可通客栈内的三套大院。那里住有长期包房的南来客商,也有东西南北的散客。账房设在大门洞里,来打电话的人川流不息,卖吃食的小贩也在这儿兜揽生意。我常爱坐在门洞内那条又宽又长的大木凳上,听客栈伙友们跟小贩聊天,听房客们的南腔北调。这儿成了我最初认识人生百相的小天地,是我少年生活里的一段梦境。

就在那儿,我认识了一位常来常往的穿西装的青年旅客。他是在唐山市开照相馆的。有一次,他坐在我旁边等着打电话,一边在看一本小书。我好奇地问他是什么书,他翻过书皮让我看:淡灰色的云天,高远而荒凉,地上只有几条绿色的装饰,那就是鲁迅的《野草》。后来我才知道,这是 1941 年上海鲁迅全集出版社出版的"鲁迅三十年集"之一,从此又恢复了被删去的《题辞》。

他去打电话,顺手把书交给我。我翻看了两页,不怎么懂,只记住了作者在讲:"我将大笑,我将歌唱。"我还他书的时候说:"看不懂。"他笑着回答:"小兄弟,你长大就会懂了。"我那时正迷恋宫白羽①的武侠小说,跟他说了,他没有讲什么。几天后,他要回唐山了,便把那本我看不懂的《野草》留给了我。

过了两年,我上了中学,尽管那时是在日伪统治下,课本里也收了鲁迅、叶圣陶、冰心、巴金的课文。鲁迅的《秋夜》,即《野草》中那"墙外有两株树,一株是枣树,还有一株也是枣树"的名篇亦在其中。这魅人的意境和奇特的句式不知吸引了多少好奇的少年,我也开始喜欢鲁迅了。可惜我生性迟钝,拿起《野草》,似乎只有《风筝》等少数几篇有兴味,有的还是看不懂。直到我读高中和大学的年代,那正是社会大动荡,人民即将胜利的前夕,我才知道鲁迅的书多么可贵,鲁迅的人格多么伟大。那时学校里的情况并不单纯,我有一种朴素的直觉,凡是手不释卷地在读鲁迅的同学,我从感情上便接近他们,引为可以信赖的知己。

---

① 宫白羽(1899-1966),本名万选,改名"竹心",山东东阿人。早年求学于天津、北京,在文艺理论、创作和翻译方面获得鲁迅周作人兄弟指点。后长期任职于天津报界、电讯社。1938年,因在《庸报》连载《十二金钱镖》一举成名。其武侠小说代表作还有《武林争雄记》《偷拳》《血涤寒光剑》《联镖记》等。与"帮会技击派"武侠小说代表作家郑证因(1900-1960)、"奇幻仙侠派"还珠楼主李寿民(1902-1961)、"悲剧侠情派"王度庐(1909-1977)、"奇情推理派"作家朱贞木(约1905-),并称为"北派武侠小说五大名家"。自1942年起致力于甲骨文和金文研究,颇有心得和创见。晚年受聘为天津市文史研究馆馆员。可惜其有关金甲文字研究文稿在"文革"中被抄没,散失殆尽。

愈是风云激变的时代读鲁迅书的人亦愈多。这时候我常会想起送我《野草》的那位西装青年。他早已失去了踪迹。一个开店的商人,为什么也那么喜欢鲁迅?为什么他的生意那么好,时常要来天津办货?办的又是些什么货?为什么……真是愈想愈神秘了,莫非他隐蔽了自己的真正身份!

那时候人们正期待着天地的巨变,鲁迅写于"4·12"大屠杀之后的《野草·题辞》时常响在我的耳边:"地火在地下运行,奔突;熔岩一旦喷出,将烧尽一切野草,以及乔木,于是并且无可朽腐。"可惜我最初得到的那本《野草》早已失落,它最初的主人更无任何消息。

我永远感谢那西装青年对我的热情馈赠,我要永远保存好自藏的这两本《野草》。一见到这书我便会想起他对一个少年的信任和期待。如今我真正读懂了《野草》吗……我不是应该对那赠书人有所交代才好吗?

(1998年5月)

丰子恺的封面画

当代书籍装帧家钱君匋说过,他之从事书籍装帧工作,曾经得益于两位启蒙老师,一位是鲁迅先生,一位是丰子恺先生[①]。

"五四"以后,随着新文学运动的发展,书籍装帧也开辟了一条新路,封面画开始被艺术家们重视了。丰子恺正是在这样一个蓬勃的新局面下从事封面画的创作。后来开明书店成立了,他又负责书店出版物的装帧工作,是位专业的书籍装帧家,称得起我国现代出版装帧史上一位杰出的先行者。

"五四"前后,社会上的书籍封面还流行一些不是洋里洋气、奇形怪状的美术字,便是月份牌式的美人图,庸俗低劣,千篇一律。丰子恺则把清逸典雅的水墨画移置在书面上来,而且不是

---

① 丰子恺(1898—1975),漫画家。曾用名丰润、丰仁、婴行,浙江桐乡人。擅长文学、翻译、音乐、风景人物画、书法等。师从弘一法师(李叔同),以创作漫画及散文著名。作品流传极广,失散也很多,其漫画往往寥寥数笔,就勾画出一个意境,且多以儿童作为题材,如《阿宝赤膊》《你给我削瓜,我给你打扇》和《会议》《我的儿子》等。有《艺术概论》《音乐入门》《西洋名画巡礼》等,后人编有《丰子恺文集》《丰子恺散文集》等。

一幅现成绘画的生搬硬照,是根据书的内容特点专门进行创作的。这些事,在今天说来已是常识,但在五六十年以前却是一种创新。

丰子恺的封面画具有鲜明的民族风格。这不仅因为他用的是中国画的工具和材料,更主要的是他以湛深的传统文学修养,早就形成了他特有的艺术风格。他以简练的写意的笔墨勾画出人物和风景,有时甚至带有一点象征意味,然而又不是畸形和费解的,真是驾驭自如,得心应手,凡有所作,正如他的漫画一样,自有一股吸引人的艺术魅力。

丰子恺的封面画笔墨简练,颜色更为单纯。长时期的艺术实践形成他独具的艺术趣味,他似乎十分吝啬色彩,不喜欢花花绿绿。1924年,他设计的《我们的七月》,只用一种蓝色;1925年设计的《我们的六月》,只用一种绿色。但是整个书面夺人眼目,效果强烈,胜过五颜六色。

此外,他设计朱自清的诗集《踪迹》,只用了一种黑色;为叶圣陶、俞平伯的散文合集《剑鞘》作封面,只用了一种棕色。当然,他在选定颜色的时候,也充分利用了封面原有纸张的底色,让它产生多种颜色的效果,这是很巧妙的。颜色单纯,表现力未必不丰富,这就要看一个画家的艺术修养高低和胆识的超群脱俗了。

目前我们已经扭转了前些年出版物一片"红海洋"的偏向,

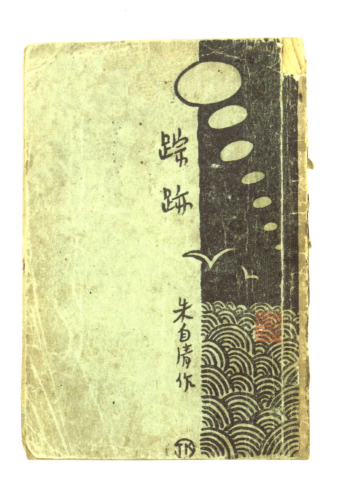

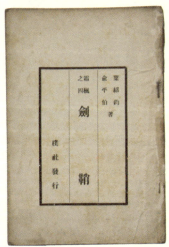

但是照搬其他绘画品种到封面上来的毛病还未能完全克服,因此,丰子恺的经验对我们今天的装帧设计家还是有启发的。更何况颜色一单纯,还可以降低书籍成本,加快出版时间。敢问我们的出版家,可否搜集一些丰子恺的封面画,出版一本画集,让大家来欣赏借鉴呢?

(1979年9月)

纯朴和率真

丰子恺,浙江桐乡石门镇人,散文家,我国现代漫画和书籍装帧艺术的开拓者。书籍装帧艺术家钱君匋一向尊丰先生为老师,因为他自20年代即从丰先生学习书籍装帧艺术。

丰先生以漫画手法装饰书衣,亦开风气之先。1924年7月上海亚东图书馆出版的文学丛刊《我们的七月》、1925年6月出版的《我们的六月》即他的成功实验。《七月》由俞平伯编,《六月》为朱自清编。两书封面各用一种蓝和绿色,文字翻白,简朴中又显丰富,营造了强烈的装饰效果。这对那些喜欢滥用色彩的人无疑是个讽刺。

《文坛逸话》,1928年10月商务印书馆出版,作者"宏徒",是文学研究会老作家谢六逸[1][2]的化名。谢先生研究日本文学,著有《日本文学史》,译有《近代日本小品文选》,又出版有随笔

---

[1] 谢六逸(1898—1945),本名光燊,字六逸、无堂。笔名"宏徒"等。贵州贵阳人。1919年入日本早稻田大学求学。1921年在日本加入由周作人、郑振铎、沈雁冰等发起于北京的"文学研究会"。学成归国后,任教暨南大学、中国公学,并在复旦大学创建了新闻专业,著有《新闻学概论》《实用新闻学》等。

集《水沫集》《茶话集》等。丰子恺为《文坛逸话》做的是漫画速写，老者面前清茶一杯，举手畅言，神采飞扬，听者为之动容，堪称一幅隽永的小品。

《教师日记》为丰先生自著的散文集，为抗战期间作家在两江桂林师范执教时的日记。身遭离乱，故乡石门镇的缘缘堂又被日军炮火所毁，作者的这部日记何止是谈校内教事，亦伤时感世之作也。但仍保持了他散文的乐观情趣，包括这张封面的设计，一面自己题签，一面取子女为他作画像为装饰，保持了稚拙天真的情味。丰先生的散文有率真之气，书衣创作也不脱这种风格，纯朴可爱，耐人吟味。原书于1944年6月由重庆万光书店出版，战后的1946年6月又出版了沪版本。

（1998年2月）

---

② 曾在上海主编"文学研究会"会刊《文学旬刊》，创办并主编《儿童文学》月刊、《国民》周刊等。1937年年底回到贵阳后，先后任大夏大学、贵州大学、贵阳师范学院教授，主编《抗战文艺》半月刊等。1941年任文通书局编辑所副所长，主持编务，出版各种新书，创办并主编《文讯》月刊。一生著译40余种。译有《伊利亚特的故事》等，著有《水沫集》、《茶话集》、《文坛逸话》、《西洋小说发达史》、《神话学ABC》等，另有儿童文学作品多种。申符编有《谢六逸集》2009年由辽宁人民出版社出版发行。

单纯的美

封面画

丰子恺先生的漫画,最早的知音和推崇者是郑振铎①先生。他在1925年11月出版的《小说月报》上发表了丰子恺的漫画,还写了论述其艺术价值的文章。作为《小说月报》的主编,正是他发现和发表了丰的漫画,并帮助画家出了第一本画集。后来叶圣陶先生接编《小说月报》后,更请丰先生画扉页画和题图。两位先生不愧是杰出的编辑家。由于他们的识见和魄力,以及

---

① 郑振铎(1898-1958),学者、文学评论家、文学史家、翻译家、艺术史家、藏书家。笔名"西谛"等,出生于浙江省永嘉县。1919年参加"五四"运动,并开始发表作品。1920年与周作人、沈雁冰等共同发起成立"文学研究会",创办《文学周刊》与《小说月报》,曾任上海商务印书馆编辑等。1927年春,为避祸游学法国、英国,并在法、英两国国家图书馆,遍读有关中国古代小说、戏曲、变文等文献,研究了希腊、罗马文学,译述了《民俗学概论》《民俗学浅说》《近百年古城古墓发掘史》等。1931年秋,在北平任燕京大学、清华大学中文系教授。1932年,出版专著《插图本中国文学史》。1935年春,到上海任暨南大学文学院院长兼中文系主任。抗战期间,在上海冒身家之险,联络同人为中央图书馆秘密抢救沦陷区善本珍籍,收获甚丰。1949年后,任中央文化部文物局局长、文化部副部长,及中国科学院考古研究所所长等职。1957年,编集出版了《中国文学研究》3册。有《郑振铎全集》20卷1998年由花山文艺出版社出版发行。

他们创造性的劳动,不仅丰富了新文学史,也丰富了我们的漫画史和书籍装帧史。事隔近70年,后人仍不能不对先行者的功绩表示敬意。

丰先生是"五四"以后新文学书刊装帧艺术的开拓者,可贵的是他的书籍装帧画,充满了浓郁的民族风格,第一个把漫画引入封面。他有意用最简练的笔墨追求意境之美,其中的优秀作品,已经达到了画即是诗的境界。这里介绍的两帧封面可以说庶几近之。上海亚东图书馆于1924年7月和1925年6月,先后出版的文艺丛刊《我们的七月》《我们的六月》,封面都是丰先生画的,代表了他早期创作推陈出新的勃勃生机。前者用了天蓝一种颜色,便引起了人们对夏天的丰富联想。七月的田野,雨后的霓虹,丰茂的草丛,飘逸的柳叶,合奏出一首抒情曲。后者只用了一种绿色,又造成炎热夏天里的一片宁静和浓荫。尤其是那个在芭蕉树下赤背默读的少年,更给人以温馨的美感。从构思到笔墨、色彩,都无可再简,连书名也利用底色翻白而不排黑色铅字,成功地创造出一种诗的氛围和单纯的美。这对于那些迷恋于滥用色彩和浪费笔墨的画家来说,正是个有力的讽刺。

扉画

郑振铎先生是古籍收藏家,尤爱明代版画,因此20年代他接茅盾主编《小说月报》时,即比较重视刊物的美术作品和装饰图案。可惜限于当时出版文化的水平,一般装饰多取自欧洲古典作品,或从外国画册中选取一二,与刊物的内容关系不大。那些扉页画和题图,孤立地看也许很美,实际与刊物的整体风格并不统一,形成了为装饰而装饰。

叶圣陶先生自1927年7月开始接郑先生主编《小说月报》,他继承了郑先生的编辑风格,也很重视刊物的装饰工作,丰先生的扉画和题图发表得更多了。那时扉画有的虽无标题,但作者的名字已上了目录,这是一大进步,说明它已不是无足轻重的陪衬。当然,题图设计尽管也很精彩,却仍未能排上名次。

丰子恺所作的扉画起初用钢笔,后改用毛笔,这样更能传达出他的艺术个性,也更富民族意味。为了求得刊名、卷期的字体与绘画浑然一体,他舍弃铅字印刷,自己用毛笔来书写,看上去更加和谐统一。事隔六七十年以后重看这些扉画,一点也不感觉陈旧过时,仍然充满了生活气息和新鲜感。他的扉画既写人亦写景,抓取的都是日常生活中习见的镜头。如小楼的一角,楼上有晾洗的衣服,楼下有戏蟹的小猫,笔墨非常简练,趣味盎然。又一幅少女正在炉旁织毛衣图,也是一幅恬静的生活场景。墙上的时钟响了,炉边的小猫睡熟了……那弯曲地通往室外的烟筒,正好留下书写刊名卷期的空间,一切都设计得那么匀称、美观,是一幅抒情的装饰小品。雨中共伞的一对恋人,也完全可以作为一幅独立的艺术作品来欣赏,画家创造的意境和氛围富有诗意,很容易勾起人们的一些联想。

丰先生的艺术感觉非常敏锐,他深得装饰画的奥秘,为我国新文学书刊的装帧艺术开辟了一条新路,不知几十年来有多少人沿着这条路走过去了;也不知道后人在这方面的成就已远远超过了他呢,还是未能赶上他。

刊头画

丰子恺先生早年为新文学的书籍装帧设计作出的贡献,史家多忽视。在丰先生的各种画集里,对此也很少著录或留下图影,实在令人遗憾。

丰先生不是专攻书籍装帧的美术家,但能深刻地认识此中奥妙,掌握了它的特殊规律,不仅封面画得好,就连给文艺刊物画的刊头艺术性亦高,几乎每一幅都可以当作独立的艺术品来欣赏。他知道刊头的地位不大,不能喧宾夺主,只能在方寸之间施展其艺术魅力。这对每一个画家都是一种考验。丰先生的试验成功了。

我在这里选出四幅刊头,请大家鉴赏。一个半身躲在幕布后边的小女孩,多么淘气、娇羞、可爱……画家为标题字留下的空间恰到好处,填上题目和署名,画面显得完整而稳重。月夜在街头密语的一对情侣,意境很美,画家以最简约的笔墨在歌唱青春和爱情,画中电线杆的长度为了适应竖排文字的版面需要,显然作了夸张,但符合艺术欣赏原理,并无半点生硬之感。另外两幅中的桥桩和餐桌一角的桌腿长度,亦不是在照抄生活,难道我们会为此而苛责画家不懂透视吗!从某种意义上说,装饰画的特点正在于巧妙地运用变形和夸张的手段,否则还有什么装饰趣味可谈。

也许由于书刊装帧艺术还处于初创阶段,当时尚未引起编者和出版家的充分重视,丰先生所做的这些优美的刊头画,在《小说月报》的目录和版权页中都没有说明。画家不计名利的精神就更为可贵了。

钱君匋的封面画

60年代，人民美术出版社出版的《君匋书籍装帧艺术选》一书，可以说是我国现代出版史上出现的第一部书籍装帧的个人画集。它的出版，反映了我们书籍装帧艺术已经提到美术、出版事业的议事日程上来。可惜当时并未能引起整个社会的注意。

钱君匋[①]和已故画家陶元庆，同时以画书籍封面而名响一时。他们的创作活动先后受到过鲁迅先生的鼓励和启示。

钱君匋早在20年代便开始了他的书籍装帧艺术活动，上海开明书店创办伊始，他便担任了该店的书籍装帧工作。我们

[①] 钱君匋（1906—1998），原名玉棠，后更名唐，学名锦堂。笔名白蕊等。室名无倦苦斋、新罗钱君匋山馆、抱华精舍，浙江桐乡人。1925年毕业于上海艺术师范学校，师从丰子恺学习西洋画，并自学书法、篆刻、国画。历任开明书店编辑、万叶书店总编辑、西泠印社副社长、上海文艺出版社编审等职。擅长书刊装帧美术，曾为茅盾的《蚀》，巴金的《家》《春》及《小说月报》《东方杂志》《教育杂志》《妇女杂志》等书刊设计封面，一时书刊多以钱画书衣为尊，稿酬亦丰，遂有"钱封面"之誉。有《钱君匋作品集》《鲁迅印谱》《钱君匋印存》《君匋印选》《无倦苦斋印賸》《君匋书籍装帧艺术选》等。编有《钱君匋篆刻选》，编藏印有《豫堂藏印甲集》《豫堂藏印乙集》《丛翠堂藏印》等。

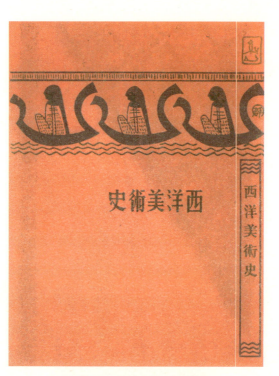

从钱的选集里,可以看到他在1927年为开明书店出版的散文集《两条血痕》所作的封面,以及稍后为开明书店出版的胡也频著《鬼与人心》、刘半农著《半农谈影》等书所作的封面。接着他又为柔石的小说《三姐妹》、茅盾编的《小说月报》、胡愈之编的《东方杂志》、叶圣陶编的《妇女杂志》等作了封面画,这些都是当时影响比较广泛的书刊,它的封面装帧也在读者中间留下难忘的印象。

钱君匋的封面设计是以图案装饰为特长的。在他早期设计的书籍封面风格上,色彩和谐明快,布局匀称简练,整个书的封面给人一种清新悦目之感。有些书的形式与内容结合得比较完美,如1929年开明书店出版的陈万里的《民十三之故宫》一书,封面基本采用了紫禁城宫墙的颜色,构思巧妙而富有民族风味。但是我们也可以看到他早期的作品在色彩的运用和图案组织上都还具有外国装饰画的情调,有些似乎是受了日本图案画的影响,包括许多人物图案在内也是。

钱君匋书籍装帧艺术的另一特点,是以他那深厚有力、圆润流畅的美术字而取胜的。他的早期创作,书名还多沿用一般印刷体铅字,这当然也是可用的一种设计思想,但是在较后的《文学月报》、《西洋美术史》、《小学活页歌曲》等书刊设计上,便已经展现了他在写美术字上的功力。到了抗战开始以后,他为《文

艺阵地》《文艺新潮》等刊物作装帧设计时，他的美术字更显得厚实美观了。新中国成立之后，我们看到他为《收获》《新港》等文艺刊物所写的美术字，则愈显流畅老练，确实已经达到比较圆熟和自成风格的境地。这不能不令人想到他书法的功底。

抗日战争期间，他为《烽火》《文丛》等文艺刊物设计的封面也具有如上的特点，看上去凝重醒目而又富有装饰美。这期间巴金编的一套《烽火小丛书》，很多是由他设计封面的。这些书采用的色彩很单纯，一般是在白封面上用黑红二色相衬，看上去庄重典雅，简洁朴素，可惜在他的选集里未能选编一二幅作为参考。

解放后，钱君匋的书刊封面，更多地注意了形式与内容的结合。例如我们在《中国曲调四首》的封面装饰画上，可以看到那小树上的枝叶是用一种富有跳跃感的音符组成；《旋律化练习曲四十首》一书的书名，三字一排地排在三个琴键似的图案上，风格明快，构思新颖，一望而知是一本什么内容的书。

在使封面设计进一步民族化方面，钱君匋也作了一些努力。这可以从他设计的几本古典文字书籍的封面上找到证明。例如《汲古阁书跋》《宋四家词选》等书，在运用我国古代云锦、钟鼎等图案方面，便是富有特色和比较成功的。在《曲艺论集》等书

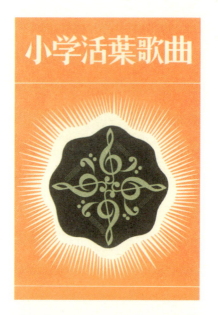

的色彩运用和选取民间剪纸等方面,作者也尽力吸取和发扬民间绘画艺术的传统,做到为群众喜闻乐见。相对来说,在保持他30年代原有的创作风格,即在图案装饰和象征意味方面则有所忽略。出现这种缺点也不能完全责怪作者,因为那时强调突出政治,稍有变化便被目为邪门歪道了。

(1962年12月)

钱君匋的追求

1927年,上海在白色恐怖的笼罩下,茅盾①开始创作反映当时知识分子在大革命风暴中沉浮的小说《幻灭》、《动摇》、《追求》。原稿署名"矛盾",叶圣陶以为"矛"字不像姓,代改为"茅"字,刊于《小说月报》。从此中国的文坛上第一次出现了"茅盾"这响亮的名字。

1928年8月,商务印书馆出版了《幻灭》、《动摇》,同年12月出版了《追求》,三部曲总名为《蚀》。据钱君匋先生回忆,当时茅盾找他来作书籍装帧,他愉快地完成了三书的封面设计。茅盾对此非常满意。时隔70年,由钱先生设计的这三个版本早

---

① 茅盾(1896-1981),作家、文学评论家,原名沈德鸿,字雁冰,浙江桐乡乌镇人。常用笔名"茅盾"、"蒲牢"等。1913年考入北京大学预科,毕业后至上海商务印书馆编译所工作。1920年11月,正式接编《小说月报》。次年,参与发起"文学研究会"。1927年,在上海以"茅盾"为笔名发表《幻灭》。1933年,《子夜》正式出版。1940年抵延安。1949年7月以后,被选为中国文学艺术界联合会副主席和中国文学工作者协会(后改称"中国作家协会")主席,历任中央人民政府文化部部长,第四、五届全国政协副主席。1984年至1997年,人民文学出版社出版发行了《茅盾全集》(38卷)。

已失传。钱先生只记得《动摇》的封面用朱红色作底色，画了一位少女的半边脸，一只蜘蛛从一条丝上挂下来，下面又有三株花草作为装饰。他还记得，画的内容是为了表现书中的主人公们既敢于冲击黑暗的罗网，又对前途感到茫然的矛盾心情。

多年来，钱先生总亦无缘找到《幻灭》和《追求》。因此他两度编辑自己的封面选集时都留下了遗憾。60年代初，唐弢先生送我钱先生设计的这三帧书影照片，据唐先生说他不存原书，是借拍的。他当然也很喜欢三书的装帧。从《幻灭》、《追求》的装帧看，两者的设计与《动摇》的风格一致，亦运用了人物变形的夸张手法，大体上表现出在烈火考验中再生者的狂舞，以及在理想和希望的阳光下，革命力量的又一次集结。整个设计既有象征意味，又有强烈的现代感。

钱君匋先生是我国装帧艺术史上最杰出的代表人物之一。他受了"五四"运动新潮的影响，在早期创作中勇于吸收外国各种流派的艺术，无论是什么主义什么派别，他都要试一试。今天看来，他这种百无禁忌的尝试精神并非是无益的。历史证明，他早期创作的封面画广大读者同样地接受和承认了。当然，经过长期的实践，钱先生终于选择了最适合自己的现实主义和民族化的创作方法。他后期的装帧风格，似乎已经摆脱了昔日影响。但，又无守旧的陈词滥调，这正是他艺术上成熟的最高境界。

钱君匋的刊头画

钱君匋先生在书籍装帧艺术方面的成就有目共睹。他同丰子恺先生都为《小说月报》画了不少装饰画,包括目录页的题眉画和文章的刊头。那都是 20 世纪 20 年代的事了。

钱先生说,他从事封面设计的老师是丰先生。此话未必全是谦虚,因为他们的共通之处,在于作品都与我们民族的艺术传统密不可分,丰先生可称为先行者。钱先生在《中国书籍装帧艺术发展回顾》(见 1992 年 4 月香港商务版《钱君匋装帧艺术》)中说:"中国书籍装帧,和其他各门文学艺术的传统,有相应的共通关系,是属于东方式的、淡雅的、朴素的、不事豪华的、内蕴的民族风格。"

这是我们认识丰、钱两位先生装帧艺术真髓的重要提示,也是他们艺术风格的特点。当然,他们的作品又很容易被读者分辨。丰先生更多地把创作灵感浓缩在人物速写上,钱先生通常概括为装饰图案。两位先生早期都受到过日本装饰画家的影响,而钱先生接触欧洲的书籍装帧艺术似乎稍多些,所以笔底虽有古典却更具现代风。因此他们的艺术个性并不是一回事,各自在寻找自己的艺术语言。

文与画的修养是不容易完全割裂的。丰、钱两位先生在绘画上的成就与他们同时也都是作家又从事音乐研究分不开。丰先生的散文和译著为人熟知,而钱先生在30年代也出版过诗集和散文集。画家少文,恐怕难有高度的成就。这种认识目前也许没有人再持异议了。

这里选的几幅题眉画和几幅刊头画,都见于《小说月报》。可惜目录上未见作者署名。如果不是画上有作者的签字,很难确证出自钱先生之手。如果说丰子恺先生的刊头画,多少还表现出一点情节性,那么钱先生画的刊头则纯属图案。题眉画有的为半圆形,打破了版面的呆滞局面。花卉、双鸟、纸条的图案都富有生趣,并带有一种音乐感,给人以愉快的享受。刊头画笔墨非常准确、简练,增添了刊物的文学意味。遗憾的是我们不可能在这里把钱先生这类刊头画全部介绍出来,而在钱先生的装帧画集里也找不到这类作品。我想这与我们的出版界长久以来不太重视装帧设计艺术不无关系。

钱君匋装帧画例

在新文学出版史上,钱君匋先生的贡献是有目共睹的。他是作家,写过诗、散文、报告,也是一位出版家,但成名却因为他在书籍封面装帧方面的成就。现在他是以书法、篆刻、绘画而为世人熟知了。但,人们总会记得他在书籍装帧艺术岗位上辛勤工作了半个多世纪。这也是中国现代美术史上极有光彩的一页。

60年代初,我曾经鼓动钱先生撰写现代书籍装帧艺术史话,总结和介绍"五四"以来的优秀封面画的历史和封面画作家的经验。他兴致勃勃地开列了十几个题目,谈及商务印书馆、中华书局、开明书店等老资格出版单位的书籍装帧艺术,介绍了很多卓有成绩而少为人知的装帧艺术家。大概只写了几篇吧,就因为当时的形势所限无法畅谈下去。那时不时兴"话旧",更主要的是怕这些文章从侧面肯定了30年代文艺的成绩。不过从那以后,我倒一直惦记着这件事,希望钱先生还是抓紧把拟定的文章写出来,总算是一笔财富。

也许正因为如此,平时随便翻阅杂志时,偶然看一点关于新文学史的材料便留心起来。前些时候翻阅30年代初神州国光社出版，王礼锡、陆晶清合编的《读书杂志》，在第二卷第二、三期合刊上看到一则《钱君匋装帧画例》，以为非常新鲜，至少是我看到的新文学史上第一个封面画家所定的画例。

从这里可以看到"五四"以后新文学封面画终于艰难地挤入了艺术之林，隐约地可以想见当年艺术界的风尚。更何况代钱先生定这个画例的都是当时文学界的名流，如胡愈之、陈望道、丰子恺、夏丏尊、陈抱一、章锡琛、叶圣陶、王礼锡等八人。现在健在的仅叶圣陶先生一人了。这则画例在现代出版史上显然也具有史料价值，因录如后：

书的装帧，与读书心情大有关系。精美的装帧，能象征书的内容，使人未开卷时先已准备读书的心情与态度，犹如歌剧开幕前的序曲，可以整顿观者的感情，使之适合于剧的情调。序曲的作者，能撷取剧情的精华，使结晶于音乐中，以勾引观者。善于装帧者，亦能将书的内容精神翻译为形状与色彩，使读者发生美感，而增加读书的兴味。友人钱君匋，长于绘事，尤善装帧书册，其所绘封面画，风行现代，遍布于各书店的样子窗中，及读者的案头，无不意匠巧妙，布置精妥，足使见者停足注目，读者手不释卷。近以四方来求画者日众，同人等本于推扬美术，诱导读书之旨，劝请钱君广应各界嘱托，并定为画例⋯⋯

这则画例不知出自谁手，作者能以音乐形象来类比封面画的艺术语言，讲得十分传神、妥帖，不能不让人怀疑是出自丰子恺先生之手。

为此，我求教于钱先生。承他见告，这则润例当时除印成单页分发外，还在《新女性》、《一般》两种刊物上发表过。不记得出自何人手笔。当时确实不见别位制定过封面装帧润例，堪称首创。钱先生已忘记了在《读书杂志》上也刊登过这个润例，而且代订润例的同人并不相同。原来在《新女性》上刊登的仅有六人，没有胡愈之、陈望道、叶圣陶、王礼锡，却多出邱望湘和陶元庆。制定画例的时间是在1928年9月。我想就此函告钱先生，然而忽接来信说："我七月十九日飞美，至西雅图华盛顿大学艺术院讲学，讲中国书、画、印的艺术，须三个月后回国。"这倒是个令人愉快的好消息。琐事只好留待以后再说，谨祝老人一路顺风。

（1986年7月）

《山中杂记》

郑振铎先生出版的第一本散文集是《山中杂记》。1927年1月上海开明书店初版,48开袖珍本。书面有莫干山风景照片,篆字书名。1926年夏,郑先生与商务印书馆元老高梦旦①等曾在莫干山避暑写作,下山后郑先生完成散文10篇,集成《山中杂记》。我藏的是1928年2月的再版本,封面装帧已改为铅字排书名,钱君匋先生绘杨柳与月光。

画家很欣赏这幅作品,他在《书籍装帧技巧》中说:"……具体地以高度概括手法,把书的内容化为形象,如我设计的《山

---

① 高梦旦(1870-1936),名凤谦,字梦旦,福建长乐龙门乡人。少从长兄读书于福州,学古文词,习八股文,并考取秀才。中法马江海战后,清廷日弱,遂无意于科举仕途,转而关注变法维新事务。以投稿刊于《时务报》而受梁启超(1873-1929)赏识,结为忘年之交。1902年任浙江大学堂教习。赴日本考察后归国,被商务印书馆编译所所长张元济(1867-1959)聘为编译所国文部部长,后继任所长。大力拓展编译业务,多方延聘人才。1919年,急流勇退,改任出版部部长,而举王云五(1888-1979)接任编译所所长。1928年,复以年老为由辞出版部部长职。虽仅保留董事名义,但对馆务关心如往日。商务印书馆之所以能够发展成为20世纪上叶中国规模最大的书刊编辑出版机构,与其劳瘁和奉献是密不可分的。

中杂记》的书面,以两株柳树横贯书面和书底,伸着长长的枝干,中间升起淡黄色的月光,烘托出一幅大自然的景象。"(见《钱君匋装帧艺术》,1992年4月香港商务印书馆出版)为什么要改封面,也许考虑到现代风景与古篆字挤在一本袖珍小册上,有点不太谐调吧。

书中给我留下较深印象的作品有《三死》,写作者亲见和听说的几个不幸人的山中之死。《苦鸦子》,写了作者对几个劳动妇女的同情。《月夜之话》,最富情趣,写作者与高梦旦先生等在月夜的山上畅谈民间山歌的情景。高先生记忆力很好,口诵了几首民间情歌,并有精辟的解释。郑振铎深为所动,当场一一笔录下来。由于有的山歌出自方言,他又分别译成白话新诗。山歌倒是好懂了,但神韵全无,反不如原歌那么诱人。郑先生不得不承认,他的译诗是失败了。

郑振铎一向关心民间文学,上山之前已编好一部清代刻本的山歌选集《白雪遗音》待印。我猜想,他们在月夜大谈山歌,或由此而引发。这部山歌选集,也由开明书店出版,时在1926年年底。

闻一多的封面画

闻一多①最早闪露出来的才华似乎是绘画。辛亥革命时,他画过连续的革命故事画。在清华大学读书时仍然酷爱绘画,美术教室里常常陈列有他的作品。他用水彩画过《荷花池畔》,那就是朱自清在散文《荷塘月色》里描绘过的地方。

后来闻一多到了美国,学的是美术,画过大量的石膏像和人体写生,可以说受过严格的基础训练。但是,绘画已经不能满足他奔放的感情,他自己认为对文学的兴趣和成就可能要超过美术,因此他回国后就放弃了美术。

他住在北京的时候,虽然不搞美术了,但居室仍然是一个艺术家的设计。很怪,他把屋子全部涂成黑色,镶以金边,自己就

---

① 闻一多(1899-1946),学者、"新月派"诗人。原名闻家骅。出生于湖北蕲水县巴河镇一个书香之家,自幼爱好古典诗词和美术。早年出版有白话诗集《红烛》和《死水》。后致力于中国古典文学研究,对《周易》《诗经》《庄子》《楚辞》四部古籍作整理研究,汇集成《古典新义》。历任北京艺术专科学校、武汉大学、青岛大学、清华大学教授。遗作被编为《闻一多全集》12册,由湖北人民出版社1993年出版等。

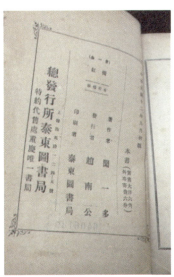

生活其间。抗日战争以前,他在青岛大学教书,画过工整的《诗经》插图;抗日战争爆发以后,他常带着学生从长沙步行到昆明,沿途写生,如今在《闻一多全集》里还能找到几幅。此外,便是他作的封面画了。

1920年闻一多在《清华周刊》一八七期上发表《出版物的封面》一文,提出"美的封面可以辅助美育",又指出封面画"不宜过于繁缛"。这都是经验之谈,表现了他对封面装帧艺术的见解和浓厚兴趣。在昆明,他又同吴晗纵谈几十年来封面艺术的发展,吴晗以为:"一本本的批评,提出他自己的看法,很在行、中肯。"

1923年,闻一多的第一本诗集《红烛》出版,原来由他自行设计封面并且插图,终因经济和其他原因而作罢。不过封面画倒是反复地设计了几个,总认为脱不掉西洋味,没有一张满意的。闻一多是学西洋画的,但是他更看重民族绘画,以为中国画更擅于表现人的心灵。最后,他草草地用了蓝条框边、红字白底作《红烛》的封面,"自觉大大方方,很看得过去。"但在我们看来,似嫌呆板粗略了一些。

1928年出版诗集《死水》时,闻一多大胆地用了黑纸作封面,这是他最喜欢的颜色,只在中间贴以很小的书名、作者的签条。这个封面倒是独特的,至少吸引了年轻的诗人臧克家,他的

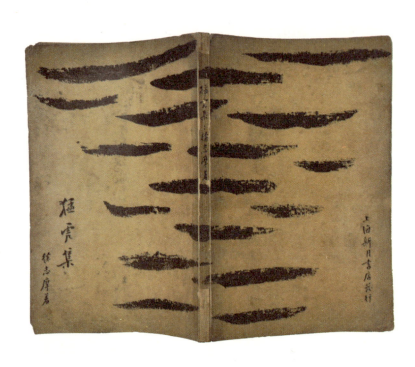

猛虎集

實價七角

一九三一年八月初版
一九三二年十一月再版

版權所有

著作者　徐　志　摩
　　　　上海四馬路中

發行者　新　月　書　店
　　　　北平米市大街

第一本诗集《烙印》便是完全模仿《死水》的装帧。

1933年林庚的诗集《夜》出版,闻一多为它设计了封面。主要也是黑色图案,选用了美国画家肯特的一幅黑白画,朴素典雅,凝重大方。闻一多还为徐志摩的书设计过封面,如1926年的《落叶集》、1927年的《巴黎的鳞爪》、1931年的《猛虎集》等。其中最突出的是《猛虎集》,黄底色,黑花纹,摊开书面就是一张虎皮,既泼辣有力,象征意味又浓郁,内容与形式高度谐和,可以说是"五四"以来新文学书刊装帧中不可多得的佳品。

(1979年7月)

闻一多佚画

1994年1月，湖北人民出版社出版了《闻一多全集》，共12卷。其中的第十一卷是"美术"，收入了包括当时已搜集到的作者的绘画、书籍装帧及设计、书法、篆刻等全部作品。一位作家的文集或全集，竟有一卷全是美术作品，这似乎是尚无前例的。

闻先生为新月书店设计的文学书刊封面很多，我一向很关注，欣赏之余，发现《全集》内至少有两幅书衣漏收了。

1927年10月，新月书店出版了秋郎（梁实秋）[①]著的小品

[①] 梁实秋（1902-1987），散文家、学者、文学批评家、翻译家。原名梁治华，出生于北京，浙江杭县（今余杭）人。曾用笔名"秋郎"、"子佳"、"程淑"等。1915年考入清华学校（今清华大学）。1923年赴美留学，获得哈佛大学文学硕士学位后回国，先后任教于东南大学、暨南大学、青岛大学、北京大学等学校，曾任国立山东大学外文系主任兼图书馆长。1927年春，与胡适、徐志摩、闻一多等一起创办新月书店，次年又创办《新月》月刊。1932年到天津编《益世报》副刊《文学周刊》。1935年秋创办《自由评论》，先后主编过《世界日报》副刊《学文》、《北平晨报》副刊《文艺》、《中央日报》副刊《平明》等。1949年到台湾，任台湾师范大学文学院院长。到1970年，历时40载完成《莎士比亚全集》的翻译。其持续20多年写作的《雅舍小品》更是脍炙人口。晚年还用7年时间，完成了百万言的《英国文学史》。

文集《骂人的艺术》,三十二开本,书的扉页上还印有"雕虫"二字,收作者在上海《时事新报》主编副刊《青光》时写的随笔40余篇。这些文字极少触及社会民生,多为生活琐事的闲话,自称是"不严重的文字"。一篇《住一楼一底房者的悲哀》写得比较生动,道出上海石库门住户日常起居的苦乐。不过这也是由在北京住惯了四合院人的眼光来看上海里弄家居的风习,未必准确。

闻先生为《骂人的艺术》设计了青灰色的封面,在书的右上角贴有一方黑白色的小型装饰画,并印书名。画的上部为庄重的维纳斯女神,下部为一马戏团的小丑,两者对比,发人联想,或借以呼应这书名的含义。

另一幅是为诗人和词曲研究家卢冀野的《石达开诗钞》所作的封面。本书以"饮虹丛刊"之一的名义,于1927年11月由上海泰东书局出版,48开本。编者称书内收的石达开诗,主要从各种笔记和诗话中摘引而来,封面画是石达开马上持枪的英姿,画家以浓重的黑与红色彩,强烈地表现出对英雄的崇拜。

闻先生为《石达开诗钞》作的封面,书上未加说明,在《闻一多年谱长编》和闻先生的传记中亦失记,这可能与本书的流传不广有关。事实证明石达开的诗乃后人的伪作。柳亚子先生早在《题卢前(冀野)所辑〈石达开诗钞〉》一文中曾指出,石达开的诗十九是他的亡友南社诗人高旭(天梅)在清末鼓吹革命时,为了激发民气,在一夜之间写成的。我能确认《石达开诗钞》的书衣是闻先生所作,则是根据卢冀野1950年3月25日在上海《新民晚报》上发表的随笔《石达开军西行记程》。他在文章的开头便说:"我在二十岁左右的时候,曾写过一篇相当长的《石达开传》,附载在《石达开诗钞》后面,亡友闻一多为绘一张红黑两色的封面画,给泰东书局出版。"按:当时闻一多与卢冀野都生活和工作在南京,彼此有交往。另从闻先生简练而凝重的画风和擅用黑色来看亦相近。烈士遗墨,值得珍视,因草小文为证。

《忆》的"双美"

1925年年底,北平朴社出版部发出俞平伯①诗集《忆》的广告,上面说:"这是他回忆幼年时代的诗篇,共三十六篇。仙境似的灵妙,芳春似的清丽,由丰子恺先生吟咏诗意,作为画题,成五彩图十八幅,附在篇中。后有朱佩弦先生的跋,他的散文是谁都爱阅的。全书由作者自书,连史纸影印,丝线装订,封面图案孙福熙先生手笔,这样无美不备,洵可谓艺术的出版物,先不说内容,光是这样的装帧,在新文学史上也是不多见的。"广告里还漏掉连朱自清的跋也是朱先生手书影印的。

1935年朱自清为《中国新文学大系》编选诗集时说:"《忆》是儿时的追怀,难在还多少能保存着那天真烂漫的口吻。作这种尝试的,似乎还没有别人。"20年代初还是新诗的萌芽时期,

---

① 俞平伯(1900-1990),诗人、作家、红学家。原名俞铭衡,浙江德清人。早年曾参加新潮社、文学研究会、语丝社,与朱自清等人创办《诗》月刊。1918年开始发表作品,著有诗集《冬夜》、《雪朝》、《西还》、《忆》,旧体诗《古槐书屋词》、《遥夜闺思引》,散文集《杂拌儿》、《燕知草》、《燕郊集》、《杂拌儿之二》、《古槐梦遇》,专著《红楼梦辨》、《读词偶得》、《清真词释》等。

一切都要通过诗人们的尝试。诚然,《忆》的天地不够宽厚宏大,但这既非"五四"新诗的全部,亦非俞平伯诗作的代表,它是初期新诗运动的探索之果,中国新诗史上的一朵小花。

《忆》的扉页上有"呈吾姊"的字样,我想这是因为在诗人的梦影里常常有一位小姊姊在作伴儿,同样的天真可爱。如"第三十五"里所写:

月儿躲在杨柳里,

我俩都坐着,

矮的凳上,长的廊上。

姊姊底故事讲得好哩。……

诗人自白:"《忆》中所有的只是薄薄的影罢哩。虽然,即使是薄影吧——只要它们在刹那的情怀里,如涛底怒,如火底焚煎,历历而可画;我不禁摇撼这风魔了似的眷念。"读《忆》中表现童心的这些诗作,很自然地让我们联想起丰子恺的那些表现童心的漫画。即使书中没有丰先生的插图也会生此联想。请看"第十一":

爸爸有个顶大的斗篷。

天冷了,它张着大口欢迎我们进去。

谁都不知道我们在那里

他们永找不到这样一个好地方。

斗篷裹得漆黑的

又在爸爸腋窝下,

我们咯咯地笑

"爸爸真个好,

怎么会有了这个又暖又大的斗篷喔?"

这好像是没有画的丰子恺先生的诗,又好像是俞平伯先生以画来写诗。

"第二十"是写孩子们在听到门巷前小贩的叫卖声而引起的联想:"桂花白糖粥!"——"声音是白而甜的。""酒酿——酒!"——"声音是微酸而涩的。"丰子恺先生是擅写童心的,他把诗人的联想形诸图画,我不知人间竟有如此通达儿童心理的画家,他笔下画了一个挑担的卖粥小贩,而从他口中传出来的叫卖声(即"桂花白糖粥"那几个字)却已经黏黏地洒下糖滴和粥粒来了。这是孩子式的幻想,声音也可以入画,每个字体都鲜活地有了动感,有了生命。所以,我很赞赏朱自清先生对于《忆》的评价,这是一部"双美"的书!"我们不但能用我们的心眼看见平伯的梦,更能用我们的肉眼看见那些梦",读者在一片陶醉中说得清是诗好还是画好吗?

(1982年10月)

陈之佛

陈之佛先生①的工笔花鸟《松龄鹤寿》世人都熟悉,《丹顶鹤》邮票更广为人知,两者均为我新中国成立以来最优秀的作品之一。殊不知先生早年还是一位新文学书刊的装帧设计家。历史悠久的《东方杂志》《小说月报》《文学》,他都为之设计过封面。他的设计以几何图案为主,形成了鲜明的个人特点,这当然与他留学日本时专攻图案科有关。归国后,他仍研究工艺图案,著作多有。同现代、当代的不少成名画家一样,他也是从学习西画开始的,最终以国画而享誉画坛。

从《东方杂志》的装帧设计,我们可以看到陈先生巧妙地运用了古代纹饰,在艺术上追求民族风格的努力。在《小说月报》

---

① 陈之佛(1896—1962),画家、美术教育家。号雪翁,又名陈绍本、陈杰,浙江余姚人。1918年留学日本,1923年回国,1949年后历任南京大学艺术系教授、南京师范大学美术系主任、南京艺术学院副院长。著有《儿童画指导》《图案ABC》《图案构成法》《西洋美术概论》等,设计有丝绸图案、书刊封面、装饰图案画百余种,创作工笔花鸟画数百幅。1949年后,编有《中国工艺美术史》《中国图案参考资料》《波斯图案》《陈之佛画集》等。

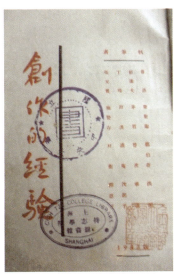

上,他试验以人物为中心,追求的仍是东方情调。《文学》则纯粹是几何图案的造型,颇具现代感。这些都反映了当时出版装帧界的新风气,使民国初期鸳鸯蝴蝶派占领天下的局面大为改观。现在也不能说陈先生的每幅创作都是精品,有的不免生硬地吸收了古埃及、希腊图案,有的几何图案又略嫌呆滞和缺少美感。但在整个装帧工作还处于早期的探索阶段,不论成功与失败,都是一种贡献。

30年代,陈先生还为上海天马书店的出版物设计了很多封面,寒斋便藏有《鲁迅自选集》《创作的经验》(鲁迅题书名)《忏余集》(郁达夫)、《小小的心》(鲁彦)等。这些封面都能体现画家的个性,突出装饰美。同时可以看到当年装帧艺术流派纷呈的活跃局面。与此同时,他又在天马书店出版了两本《影绘》,介绍了法国18世纪后半期法国人薛劳德(1709—1769)的人物侧影,一如我们习见的人物剪纸。但不限于半身的人物头像,而是带有一定情节性的人物活动场景,以及鸟兽花草虫鱼等。这种"影绘"完全利用黑白的强烈对比,构成画面,表现个性,属于工艺图案的范畴,与封面装帧设计亦不无关系。它给当时中国的美术界和出版界带来一股新风,开阔了人们的眼界,同样是陈先生在工艺美术方面的努力。可惜从抗战前后,陈先生即不再从事工艺图案和书籍装帧设计活动了。

司徒乔的封面画

画家司徒乔[①]曾经说过,他的绘画是在鲁迅先生的影响下完成的。1924年,他到燕京大学读书,"我在校旁小巷里散步时,随处都看见祥林嫂、闰土、阿Q、小栓……"鲁迅也看到他"不管功课,不寻导师,以他自己的力,终日在画古庙、土山、破屋、穷人、乞丐……"(见《三闲集·看司徒乔君的画》)。司徒乔亦喜作书籍装帧,他为鲁迅领导的未名社,以及当时的北新书局等画过很多封面。

1926年,他为鲁迅主编的《莽原》半月刊设计封面,正是未名社的出版物。画意呼应着刊物的题旨,大地苍凉却又充满了希望。画笔有力,没有丝毫追求纤巧的痕迹,似乎也能传达出鲁

---

① 司徒乔(1902-1958),原名乔兴,广东开平人。1924年入燕京大学神学院,利用课余时间作画,并为未名社和鲁迅编辑的文艺刊物《莽原》画封面和插图。1928年留学法国,后又赴美国观摩学习美术,1931年回国。1934年为《大公报》编辑《艺术》周刊。1938年迁至缅甸,创作了《泼水节》《缅甸古琴图》《街头夜宵》等代表作。1942年到重庆,画成高一丈七尺的《国殇图》。后到新疆,创作200多幅作品,于1945年在重庆展出。晚年创作了《鲁迅与闰土》等插图。编有《司徒乔画集》。

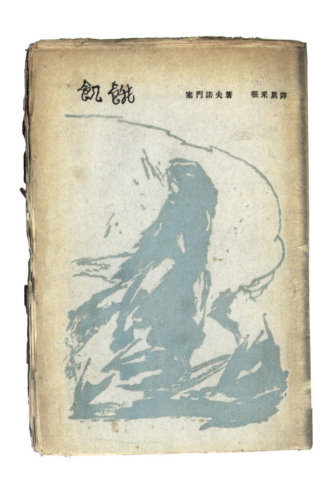

飢餓　賽門諾夫著　張采真譯

迅办刊的意愿：希望中国的青年勇敢地站出来，"对于中国的社会、文明，都毫无忌惮地加以批评"，"继续撕去旧社会的假面"。

1928年，北新书局出版了张采真译的俄国塞门诺夫的小说《饥饿》，司徒乔仍以写意的手法画了在风雪中站立的一名俄罗斯妇女，反映了十月革命前后俄国人民的处境和命运。在那貌似急就章的粗豪线条里，蕴蓄了画家的感情，创造出一定的时代氛围，给人以强烈的感染。

1929年，未名社的主要成员韦素园在病中捧出了他的翻译小品集《黄花》。司徒乔以轻逸淡雅的笔致，速写了几株黄花，几片秋叶。画意取自书中俄国诗人梭罗古勃的短诗，一朵嫩黄的小花，可以燃起"一粒嫩黄的、美丽的、纯金的小火！"同时也献出了鲁迅先生以及未名社朋友们对正在西山疗养的韦素园的深切问候。为了让整个画面服从于总体设计的要求，连书名也藏在枝条的一角，惟恐破坏了这流荡着音乐旋律的和谐。为了保持画面的纯净，什么译著者的姓名、出版社的招牌，以及出版年月等等，全让它们躲在书的扉页和版权页上去了。司徒乔最懂得书是商品，但更重要的也是一件艺术品。

（1998年4月）

叶灵凤的画

新文学作家中,叶灵凤①比较喜欢书籍装帧艺术,至少为创造社的出版物画过不少封面画、扉画、题头。他在上海美专上过学,有一定绘画功底,不过后来并没有走画家的路。

鲁迅先生批评过他的漫画,起因他作画攻击了鲁迅,鲁迅作了回击。更重要的是他一味模仿英国19世纪末画家比亚兹来,把人物画得丑而怪,生搬硬套,缺少美感。这个批评是正确的。但是,学比亚兹来无罪,鲁迅并没有全面论及他在书籍装帧方面的工作,也没有否定他在这方面的努力,这也是明明白白的。前些年读了一本讲书籍装帧艺术史的书,谈到叶灵凤的装饰画,以鲁迅的批评为依据,几无半句肯定的话,如说叶学比亚兹来学

---

① 叶灵凤(1904—1975),作家、画家、藏书家。原名叶韫璞,江苏南京人。1925年开始写作,并参加创造社,曾主编《幻洲》《现代小说》《文坛画报》等。1938年赴香港,主编《星岛日报》副刊《星座》等。主要作品有短篇小说集《女娲氏之遗孽》《菊子夫人》《鸠绿媚》,长篇自传体小说《穷愁的自传》《我的生活》,长篇小说《红的天使》,随笔小品《灵凤小品集》《读书随笔》等。平生爱好版画和藏书票,制作的藏书票古朴自然。

得并不好,构图一般,琐碎杂乱,多广告味,创作态度是有欠严肃的,等等。我不想争论,应该尊重个人的看法。但是,我愿介绍叶氏的几幅装饰画,说点相反的意见。道理很简单,他画过一些不成功的封面画和装饰画,同时也画过一些成功的作品。一味说好,或一味否定,都是不符合实际的。

这里是他为《幻洲》和《创造月刊》所作的刊头画和尾花。不能说十分完美,如果不存偏见,应该承认这是我国早期新文学书刊装帧艺术的成功尝试。就是放在今天来欣赏,也不能说是幼稚或失败的。如尾花画的那个身着旗袍的少女背影,笔致生动,风韵毕现,能说丑吗?为潘汉年《徘徊十字街头》所作的刊头,黑白色调对比鲜明,装饰效果强烈,也不能说差。他为郁达夫的《街灯》和王独清的《吊罗马》画的刊头更见功力,既是写实的,又是写意的,形式上很完整。《街头》不是意境多有,《吊罗马》不是庄严宏伟,气魄很大吗!我不认为这些创作于六七十年以前的画,比之于今天报刊上流行的刊头画有何逊色,相反地倒有不少值得参考和学习之处。

叶灵凤当年并没有轻视自己所做的这些小品,他很珍惜自己的劳动,在每幅小画上都署了名:"LF。"凡是对叶先生的装饰画有兴趣的人,不难发现他有更多的作品,也许有的比我介绍得更加优秀。

朋弟小记

以漫画家的手笔作封面装帧者,当年在天津出了一位朋弟[1]。此君姓冯,专画四幅一组的连环漫画,塑造了老白薯、老夫子、阿摩林三个人物,都是时常想找点小便宜,又常常吃亏、出洋相的俗人。画家的技巧纯熟,造型有特点,笔下的三个活宝,曾在京津两地风行一时。但也明显存在迎合小市民趣味的缺点。

我更喜欢朋弟以漫画作的书籍封面,数量虽不多,却有精品。30年代末,他给沽上小说家刘云若、宫白羽等画过书的封面,业已形成个人的风格。看得出,他是认真画的,也懂得怎样来画好封面。1939年前后,他为刘若云的多卷集《旧巷斜阳》画了不止一个封面。其中有彩色套印的,也有用单色一次印成的。这里介绍的是后者,以蓝色印成。出于营利的目的,当时的

---

[1] 朋弟(1908-1983),漫画家。原名冯棣,北京通县人。1933年毕业于上海艺术专科学校,1936年开始向上海《大公报》和《上海漫画》投稿。先后创作了"万能博士"、"马大人"、"老白薯"、"老夫子"和"阿摩林"等漫画人物。其连环漫画为无文漫画,主要作品有《阿摩林》、《老白薯》、《发财还家》、《上海现形记》等。

书局老板总想节省费用草草印成,而画家在苛刻条件的限制下,尽最大的努力克服了不利条件,竟然在单色下创造出复杂的层次,争取到意外的艺术效果。《旧巷斜阳》写一个妇女被黑社会逼良为娼的故事。作者熟悉天津底层社会的种种罪恶,暴露黑暗可谓淋漓尽致,看了令人触目惊心。当然,同时也有色情描写的糟粕。朋弟对于天津里巷民俗并不陌生,有足够的生活积累为穷街陋巷的人物传神。请看他寥寥几笔即勾画出一个流氓和被勒逼的女人的神态。

人物的表情、动作都富有感情色彩。小胡同的背景描写,突出了旧巷的氛围,也很真实。画家选用冷调的蓝色命笔,我觉得与小说的内容呼应强烈,艺术效果非常完整。细心的读者能从那色调深浅明暗的变化中,看到画家的匠心追求,并无简陋单薄之感。

稍后,画家又为张次溪[1][2]编撰的有关赛金花的史料《灵飞集》作了封面。这是 1940 年由天津书局出版的。这次用黑、红两种颜色,以色块为主构成了鲜明的对比。赛金花为清装打扮,

---

[1] 张次溪(1909-1968),史学家、地方史志专家。本名涵锐、仲锐,字次溪,号江裁,别署肇演、燕归来主人、张大都、张四都,广东东莞篁村水围坊人。少时随父母在北平城生活。1923 年考入世界语专门学校,旋入孔教大学,获文学士学位。先后被聘为《丙寅杂志》《民国日报》副刊编辑。1930 年 12 月,应国立北平研究院历史学会之聘,调查社会风情,专事纂修《北平志》,由此奠定其研究史学、方志学的学术基础。

靈飛集

張次溪編

当在青春得意时。书名及底衬为黑色,人物的衣、裤、鞋为红色,脸上的脂粉、唇及衣上的花饰制成红网,呈浅粉红色,这正是画家用一种红色,巧妙地分出两种颜色效果。整个画面显得和谐明快,简练而又有稳重感,不失为一幅成功之作。如果我们把他划入鸳鸯蝴蝶派北派画家的行列,朋弟不愧为一位长于写实的高手。

据《吴云心文集》(天津古籍出版社1990年10月出版)中介绍,冯朋弟名冯棣,四川人,原在北平通俗读物编刊社画漫画,平津沦陷后到了天津。日本投降前回四川,胜利后返天津。解放后到北京,在北昆剧社工作。1983年病逝。从他简单的经历来看,他一生过得并不如意。因为他主要是一位漫画家,可是近40年却无人承认他是漫画家。1957年,他在北京日报上刚刚冒出了《老白薯出土记》,马上遭到了批判。他不幸赶上了那场政治风暴,从此便默默无闻了。

(1993年12月)

---

② 编著有《北平岁时志》、《北平天桥志》、《北平庙宇碑刻目录》、《陶然亭小记》、《燕都梨园史料》、《京津风土丛书》、《江苏通志》、《清代学人年鉴》、《莞乡烟水录》、《人民首都的天桥》、《北京岭南文物志》(与叶恭绰合编)等,还编辑有《清代燕都梨园史料》、《清代燕都梨园史料续编》、《北平史迹丛书》、《燕都风土丛书》、《中国史迹风土丛书》等。1949年10月后,任辅仁大学及北京师范大学历史系资料员,从事"辛亥革命历史资料丛刊"的编集、整理工作。1952年,将其父修建的北京龙潭湖"袁督师庙"捐赠给国家,该建筑后被列为北京市重点文物保护单位。

卞之琳与封面装帧

没听说诗人、翻译家卞之琳先生①能作画,但是说他精于书籍装帧艺术却是千真万确的。多年来他热衷于书的包装,诸如纸张、铅字的选择,行距的宽窄,色彩的运用等,可以说斤斤计较,不厌其烦,更不要说对书面整体风格的追求了。在他看来,一位作者从写作开始到完稿,直至印成怎样一本书都要尽心,因为这是一个完整的创作过程。

卞先生的第一本诗集《三秋草》,1933年出版,由新月书店代售。内文用的吸墨纸及封面的布纹纸,都是作者跑纸店自行挑选的。书面呈淡青色,没有图案装饰,由沈从文先生题签,采墨绿色,清隽淡雅,颇有秋光草色的意境。作者求其自然,摒弃了一切卖弄和雕饰。我一向以为,书的浓妆艳抹容易做到,淡雅

---

① 卞之琳(1910-2000),诗人、文学评论家、翻译家。笔名季陵,江苏海门人。1933年毕业于北京大学英文系,历任北京大学西语系教授、中国社会科学院文学所研究员、中国莎士比亚研究会副会长等职。著有《三秋草》、《鱼目集》、《数行集》、《慰劳信集》、《十年诗草》、《雕虫纪历:1930-1958》等。

清隽则难。可惜如今书市上只见浓艳与华丽,出自天然的秀雅较稀见。殊不知本色之美耐端详,非一闪而过的虚饰、炫耀可比也。

1934年,卞之琳与靳以等在北平创办了《水星》杂志,因为不载翻译和评论文章,更具散文品格,封面亦朴素大方。刊物为长型大32开本,红色的框线和月份圆章为红色,余为黑色铅字。只有那个圆章略嫌生硬。卞先生不太满意,马上又设计了一个新的,从第二期开始启用,到终刊为止。这个封面比较谐调,避免了呆滞,排列出的目录既方便了读者,也构成一种装饰效果,活跃而不显空虚。刊名和月份为红色,两色黑线用得也适当,铅字不求粗重而求纤秀,典雅而富有书斋韵味。60年后重睹,仍不失其魅力。

40年代后期,卞先生把自己的翻译作品编为《西窗小书》,交由巴金先生主持的上海文化生活出版社出版,如衣修午德的《紫罗兰姑娘》、纪德的《窄门》等共四种。丛书的封面亦由卞先生设计。书面充分利用白色空间,匀称地布局了黑色的印刷字体,看上去纯净素淡,绝无杂乱喧嚣之感。最巧妙的是把"西窗小书"四个手写体的字,嵌入一个田字的小窗之内。上端书名及下端的小窗用红色,形成对衬,有了呼应,带来优美恬静的氛围。这个封面与巴金为文化生活出版社设计的"文学丛刊"、"文化生活丛刊"、"文季丛书"等风格相近,是适应了巴金的总体设计要求呢,还是出于巧合?

我为此向卞先生求教,他马上说:"巴金也喜欢法兰西风格。"目前讲我国现代书籍装帧史和装帧设计家,讨论来自东方国家的影响较多,尤其是日本;对于法兰西派别的影响似乎很少涉及,这自然是个有趣的话题。诗人方敬①恰好提供了一个线索,讲他 1942 年夏,在桂林办了一个小出版社"工作社","之琳乐意设计一个社徽,自出心裁,有法兰西风味,品字形三个小山头,上面翩翩飞着一只鸟,瞧,大雁在传书呢"(见 1993 年第 4 期《新文学史料》·方敬:《流光的影痕》)。找到"工作社"的出版物,我在李广田的小说集《欢喜团》的封面上果然见到"工作社"的"社徽"。那手法十分简洁,只有几笔,丛山深远,飞鸟高翔,意境不浅。卞先生跟我说,他要表现的正是鸿雁传书的

---

① 方敬(1914-1996),诗人、散文家、文学翻译家。生于重庆万州。20 世纪 30 年代初考入北京大学外语系,参加了"一二·九"运动。1933 年发表首篇诗作《馈赠》,抒写初恋的甜蜜体验。北大毕业后,到四川罗江中学任教。曾与何其芳、卞之琳合编《工作》半月刊。1941 年春转移到桂林,办有"工作社",编印《工作》文学丛书。1944 年开始执教生涯。1949 年以后,长期在西南师范学院任教授,后任至重庆市文联、作家协会主席。著有《风尘集》、《雨景》、《生之胜利》、《记忆与忘却》、《雨景》、《声音》、《行吟的歌》、《多难者的短曲》、《拾穗集》、《飞鸟的影子》、《花的种子》等,翻译出版了列夫·托尔斯泰的《家庭幸福》,狄更斯的《圣诞欢歌》等小说及外国诗歌、散文、短篇小说等。

意思,又谦虚地说,三座山不过是三个人字,大雁不过是倒写的一个人字而已。然而,在方敬先生的眼中,法兰西风味已体现出来了。

方敬也很谦虚,他说他办"工作社",封面设计完全学的是当时桂林的"明日社",而"明日社"是研究法国文学的翻译家陈占元先生办的。原来方、陈两位先生也都喜欢书籍装帧的法兰西风格。"明日社"的书,寒斋只存零星的两三种,包括陈先生主编的《明日文艺》,主要的特点也是不以图案和绘画作封面装饰,而以铅字和一点红色来布局书面。你也许不会相信,仅用黑红两种颜色和简单的直线,便可魔幻般地传达出装饰效果和浓郁的书卷味。

卞先生向我解释,所谓"法兰西风格",反映的是欧洲大陆出版物的一时风气,比较严谨、朴实。当年英、法、德、意四国的出版文化,大体是互通声气,互为影响的。他当年为《水星》设计封面,学的是巴黎出版的《法兰西评论》,那是一本注重书评的严肃刊物。20世纪20、30年代,法国的出版业不同于欧美,后者是先发行精装豪华版,然后再印简装纸面的普及本。法国则相反,一般是先出纸面简装本,再印豪华版。当时我国知识界,大部分人接触的是简装本,很自然地便接受了简朴的风格,并移植到我们的出版物上。当然,现在法国的情况已变,几乎也是先出豪华版,后出普及本,近几十年,我们是否已形成自己的风格?恐怕没有人再讲究什么"法兰西风格"了。

卞先生似乎没有放弃原有的喜好。80年代初,他在香港出版的诗集《雕虫纪历》和小说集《山山水水》,封面设计仍在追求朴素淡雅的韵味。变化亦有,在《雕虫纪历》的书面上,他破例地从《芥子园画谱》里选用了一枝干枝梅,不仅添了画意,且具民族色彩。我不知道还有哪位作家能像卞先生这样注重书的包装,并把它当成一件神圣的工作来看待。

(1994年2月)

叶浅予的封面画

读叶浅予先生①的传记(解波著),所得良多。读到她说叶先生从来没有画过书籍封面画,我怀疑了。因为在我的藏书中,便有他设计的封面。时间是在抗战胜利前后。

暇时翻检旧藏,果然从中找到了两种,一是冯亦代先生的译作《蝴蝶与坦克》,一是无名氏的小说《塔里的女人》。当然,叶氏创作的封面画不止这两种。碰巧读了冯先生的近作《我在抗战重庆的日子》,其中谈到了叶氏为他的译作设计封面的事,时在1943年。冯先生说:"我把海明威的三篇小说加上一篇《桥上的老人》,并以他悼念西班牙内战中阵亡的美国人周年所写的那篇《哀在西班牙战死的美国人》作为代序,由美学出版社结集出版,以《蝴蝶与坦克》为书名。书的封面装帧由叶浅予设计,

---

① 叶浅予(1907-1995),画家。中国漫画和生活速写的奠基人。原名叶纶绮,浙江桐庐人。21岁时开始创作漫画,与友人创办《上海漫画》,1929至1937年,创作长篇漫画《王先生》《小陈留京外史》。后在武汉编辑《抗战漫画》,在香港主编《今日中国》画报,出版《日寇暴行录》图集。1941年后创作《战时重庆》《旅印画展》《天堂记》等。解波所著《叶浅予传》,吉林美术出版社1991年出版。

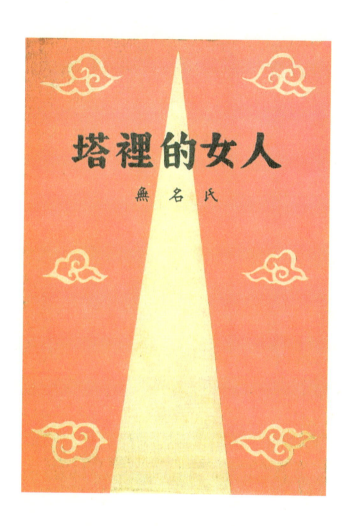

当中红红的一条书名,天地头都用白色,上面画着一只蝴蝶,下面画着一具坦克。我喜欢他作的这个封面,因为在简单中显出庄重。"这个封面给人的感觉简洁明快,画比较写实,对比很鲜明。

但是,我更喜欢他设计的《塔里的女人》。光看书名,如果放在今天,也许在有的人的笔下必然会出现美女,叶氏却出手不凡,巧妙地避开俗套,采取象征意味的装饰手法,利用白色的空间,设计了一个顶天立地的白塔,塔身不过是两条尖长的斜线而已,夸张且有现代感。粉红色作底的天空似乎呼应着书名的内涵,比出现女人还高明。六片装饰线条的白云布局匀称,极富民族图案的风格,并给人以塔身高耸的感觉。这里的追求愈加简洁。

叶先生不是专攻封面设计的,但是他熟练地掌握了书籍装帧艺术的规律,非一时游戏之作。可惜封面设计对叶先生来说,的确是偶一为之,所以在他自撰的回忆录中也没有专门谈及这方面的经历。

(1992年4月)

特伟①的封面画

寒斋所藏的旧书,有不少是土纸印的。这种纸纸质粗糙,油墨模糊,多为抗战八年在解放区和国统区的大后方印行。与战前上海的出版物相比,从技术上说几乎倒退了上百年,回到了手工作业的时代。当时的书刊难有图片和插图,若有,也是手工木刻上版。有的由画家动手刻,有的画好了请刻字工人刻,简直恢复了宋元时代的印木板书了。解放区似乎更困难些,直到解放战争期间还在印土纸书。这类书当然富有历史感,而且很自然地带有古朴的风韵。这是书籍史上一段特殊的时期。

土纸本说不上精装豪华、用料讲究,却有一种朴素、单纯、稚拙之美,恰好适应了那个艰苦的战争年代,以及当时社会生活的

---

① 特伟(1915-2010),动画艺术家。动画电影"中国学派"创始人之一。本名盛松,广东中山人。1934年开始漫画创作,1937年后积极创作和宣传抗日漫画,并恢复出版《抗战漫画》。曾在香港《群众》周刊上连载《大独裁者》,并与木刻家黄新波等共组"人间画会"。其执导的水墨动画片《小蝌蚪找妈妈》、《牧笛》《山水情》等在国内外屡获大奖。1995年国际动画协会授予他"ASIFA"大奖。该奖系国际动画界最高奖。有《特伟讽刺画集》《风云集》等。

整体风格。不少画家便利用这个有限的条件,尽量给人们增加美感和色彩,许多封面设计并不逊于战前的出版物或者说动笔时更加精心和严谨,借以适应手工印刷的要求。这里介绍的是特伟在重庆设计的两个封面,同样具有那个时代的特点。

解放后,特伟先生长期担任上海美术电影厂的领导工作,人们都知道他是一位著名的漫画家,很少人知道他设计过封面。我保存的特伟制作的封面,一本是夏衍的《边鼓集》,一本是冼群的《飞花曲》。先说《边鼓集》,这是夏衍有关戏剧的短论和杂感集,1944年10月重庆美学出版社"海滨小集"丛书之一。封面图案忠实于原作内容,以简洁、象征的手法,用红黑两种色彩形成对比,巧妙地利用空间的白色构成鼓和鼓座。又在鼓身中间用了一小块红色,顿使画面活跃起来。画家寻找装帧艺术语言,又保留了漫画的夸张手法,堪称一幅佳作。1928年1月7日,我请夏公为此书签名留念,他表示也很喜欢这个封面,醒目而不繁琐。特伟在夏公领导的《救亡日报》工作过,落笔时那种专一的精神可以想见。

如果不看作者的署名,我们同样猜不出《飞花曲》的封面也由特伟所制。漫画当然可以入封面,但是又不能不考虑书的内容。五幕话剧《飞花曲》,写的是一个抗战演剧宣传队的故事,1943年10月重庆国讯书店出版,是茅盾主编的"国讯文艺丛书"之一。

这个封面以人物为主，略显漫画线条，背景是蓝天和花丛，布局疏朗有致，优美抒情。除了运用黑红二色外，只在天空加了一点淡蓝。我很喜欢这个封面，可惜在旧书摊上得来时，封面左下角已残缺。我请当时的同事，现在浙江的名画家徐启雄兄为我补画了花丛的一角。徐兄是线描能手，补配的色调亦可乱真，总算保持了原作完整的美。徐兄为我的残书当补修工，不仅这一本书，现在想来我对他多有不恭了。然而这也是我们青年时代的友谊纪念。我很怀念当时我们的那股傻劲儿。我们都不愿意世间留存下残破的美，不计后果地试图去弥补它，丰富它。现在难有这样的兴致了。

（1994年3月）

老索

漫画家余所亚先生①离开我们几年了。

老朋友如新波、关山月、黄茅、黄苗子等,平时都亲切地叫他"老索"。他在自己画上的签名也是个"索"字:"soa"。

老索是位残疾人,可以说是"重残",不能站立,无法走路。但他热爱生活,旧时代以漫画为武器,立场鲜明地与国民党反动派斗争;新社会以木偶戏为职业,长期为孩子们服务。他喜欢朋友,朋友们也爱他。

对于这位长者,我似乎只做了一件令他快乐的事。1939年他在香港出版了一本漫画集《投枪》,自己早已不存,我却藏有一本,送给了他。那是一本反法西斯的漫画集,在内容和形式上

---

① 余所亚(1912-1992),画家。广东台山人。少时师从程子仪学画,1926年在广州赤社学画。1935年任《大众报》编辑,发表大量宣传抗日画。先后编辑香港《星岛日报》、《珠江日报》、《大众晚报》的"漫画周刊",出版漫画专集《投枪》,举办《夜萤画展》,并参与编辑《救亡日报》。抗战胜利后任上海《文汇报》漫画副刊《文汇半月画刊》主编。1949年10月以来任教于北京中央戏剧学院,组建中国木偶剧团。漫画代表作有《前方马瘦,后方猪肥》、《龟兔竞走》、《中国工厂,美国罐头》等。

都受到西班牙马德里保卫战中宣传画的影响,与中国传统的漫画大不相同。失悔的是,当年我未能抽出更多的时间去同他聊天,并向他请教有关漫画和其他艺术方面的问题,以致很多宝贵的财富就这样白白地带走了。

退休以后,我有时翻检旧存的破书,发现抗日战争和解放战争期间,余先生还设计了不少书刊封面,几乎每一幅都是很有特点的佳作。一种意外的快感和想与作者交流的愿望油然而生,如果能当面听听他对封面装帧艺术的看法,介绍一下从事封面设计的经过和经验该有多好。先生一向自谦,从来不炫耀自己过去的成就,也不强调自己是个残疾人,包括我在内,以前并不了解他的艺术耕耘并不限于漫画与木偶,也没认识到他的艺术成就已经给残疾人带来了多少荣誉。

作为漫画家的余所亚,他在封面装帧艺术上的表现力是很敏锐的,并善于运用艺术的夸张。他清楚地意识到,他不能重复漫画的表现手段,更为重视装饰效果和画面的整体布局。路翎的中篇小说《饥饿的郭素娥》,是由胡风推荐给读者的,1943年在桂林出版。我存的是1947年5月上海希望社的第四版,为"七月文丛"之一。封面画的线条有木刻味,我怀疑初版土纸本即以木刻上版印刷。迎风而立的一个年轻女人,显然便是倔强而不幸的郭素娥。天空的乌云、远处矿山的背景,以及被风吹拂的

饑餓的郭素娥

路翎

1

七月叢刊

靈山歌

曇華

作家書屋發行　1947

女主人公的头发、健壮的身体,比较准确地传达出人物的性格和生活环境。这一切又都出自简练的笔墨,巧妙地抓住了封面画的特征。

所亚为冯雪峰的诗集《灵山歌》作的封面亦很成功。我保存的是1947年6月上海作家书屋的第二版。这是诗人在上饶集中营所作的牢狱诗,灵山正是集中营的所在地,也是大革命时代方志敏领导的红军活动的地方。在重庆的初版本《真实之歌》中,诗人不得不改为无从考查的"云山"。当年的难友们"朝夕举首以望,遥遥相对",现在"把它取来作集名,就因为我们对于不屈服的英烈的哀念和敬慕……"

因此,这是一部真正的囚徒之歌,是反抗的诗、控诉的诗。所亚的画面充满了激愤的感情,表现出诗集中的那种不屈服的革命精神。画面上的镣铐和锁链是无情的,但锁不住那巨大而粗壮的臂膀的力量,被难者不是正在发出正义的呼号吗!画家从心底与被难者发出共鸣,生动地体现了诗集的灵魂。只有这样的画,才能完美地配合这本书的内容。从艺术上说,这个封面具有漫画的夸张风格。以漫画入封面,所亚的创作与丰子恺前辈的风格却并不相同。

1942年5月,重庆诗文学社创办了"诗文学丛刊"。创刊号第一辑《诗人与诗》,由余所亚设计。刊物是土纸本,封面画具有木刻风格，在这里又一次表现出画家装饰艺术的才能。刊名黑底翻白，画用淡蓝色，一位正在写作的诗的女神满满地占据了整个封面。主题明朗，装饰味浓，人物神情、动态不直露，又有一种含蓄婉约之美。这种抒情风格有点像张光宇先生。当时漫画家廖冰兄也在追求这种装饰语言。我觉得这没有什么奇怪的，因为张氏兄弟与冰兄、所亚都是亲密的战友，冰兄公开宣称自己的画受了光宇先生的影响，所亚先生虽然已无机会来说明了，但这种影响也可能存在。何况张光宇的影响绝不仅限于他同时代的战友，而是影响着几代画家。艺术上凡是真正的美，永远会有生命力的。

余所亚先生当然不止画了这几张封面，但是多年来有人注意访查搜寻过吗？到什么地方再去寻找，由什么人来找呢？想一想，也真是毫无头绪。我也只能在此说说而已，自知无力深入，但愿有高明的强有力者来做这件事。到那时死者有幸，后来者也有福了。

（1994年5月）

李广田的《引力》

《引力》是李广田①唯一的一部长篇小说。1941年7月,他在昆明开始写,只完成了三章便搁笔,到1945年7月7日,才利用暑假在昆明附近的呈贡县斗南村继续创作。写到结束的第19章,即8月11日,已传来抗战胜利的消息。这是一部以知识分子为主人公的抗日题材的小说。揭露日本法西斯的侵略罪行,反对蒋管区的黑暗,向往解放区的光明,构成了这部小说的基本内容。

小说不是写真人真事,但李广田笔下的人物明显地带有自身的影子,时间、地点以及人物的经历和性格差不多没有凭空捏造,所以写起来遇到了极大的困难,那些真实的现成的材料已经

---

① 李广田(1906—1968),作家。字洗岑,曾用笔名黎地、曦晨等,山东邹平人。1930年考入北京大学外语系,开始发表诗与散文。1936年出版与何其芳、卞之琳合写的诗集《汉园集》,被列入"汉园三诗人"。先后在西南联大、南开大学、清华大学任教,1949年10月后任云南大学校长。著有散文集《画廊集》《银狐集》《雀蓑记》《回声》,短篇小说集《金坛子》,长篇小说《引力》,论著有《诗的艺术》《文学枝叶》《创作论》《文艺书简》等,修订出版撒尼族长诗《阿诗玛》。有《李广田散文选集》《李广田文集》等。

引力

李廣田 作

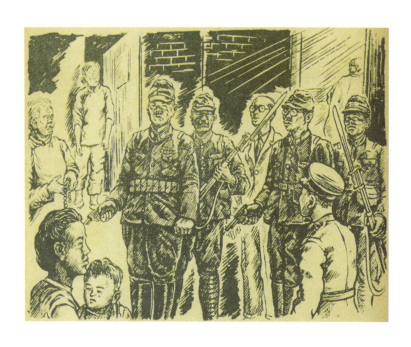

成了他写作上的障碍,"反不如出于自己想象中的事物更方便些。"(引文见作者1941年8月6日的日记)1947年,李广田从昆明来到天津南开大学,3月底他在付印本书时在《后记》中说:"……我的幻灭之感大半由于觉察自己的小说算不得'创作',也不过是画了一段历史的侧面,而且又只画得一个简单的轮廓,我几乎相信我自己有一个不易超越的限制,我大概也就是只宜于勉强写些短短的散文而已,这样想时,就难免有一种无可奈何的哀愁。"

这里有自谦,也有对散文的自信,而《引力》仍不失为一部成功之作,只是它问世于战争环境中,人们处于历史大变革的新旧交替时代,无暇注意而已。就同时期出现的一些抗日题材的小说而论,它虽不如老舍先生的《四世同堂》那么丰富多彩,在思想深度和人物的刻画方面与其他小说相比并无逊色。

可惜从建国后,直到80年代初,《引力》一直没有重印过,以至于很多读者只知道李广田的散文和诗,不知道他有这部优秀的长篇小说。1983年4月,宁夏人民出版社重排印行,流传不广,笔者没有见到,而我收藏的还是建国前由上海晨光出版公司出版的初版本。

这样一本献给抗日战争的爱国小说,在"文革"中竟成为作者的罪证,"造反派"诬蔑它咒骂中国共产党,是"大毒草"。了解李广田先生的人都知道,他性格沉静,处世谨慎,但是在"造反派"们的压力面前,他实在无法忍耐,于1967年9月7日勇敢地写了《最后的回答》,对于《引力》他是这样讲的:

"小说《引力》写于1945年,主题是抗日、反蒋、向往解放区。一个女人带着孩子历尽千辛万苦,从敌占区逃到蒋管区去找她的爱人,但等她到达蒋管区后,她所要找的人早已到解放区去了,她自己也就马上离开了蒋管区,到解放区去了,这就是故事的主要情节,书名《引力》,也正为此。……小说中写了一个反面人物,即日本法西斯特务石川,他对中国学生咒骂过中国共产党。因为他是我们的敌人,当然要骂我们。难道叫这个法西斯特务歌颂中国共产党吗?也许你们有这种本领,我自己是不行的,整个小说写得最多的就是揭露日寇的法西斯暴行,其中也就写了一个骂共产党的石川。批判文章的炮制者诬蔑我借日本人之口骂共产党,我坚决反对这个诬蔑!"

尽管他在最后喊出:"坚决反对颠倒是非,构人于罪的做法!"到底没有逃出"造反派"的黑手,逼得他在一年之后仍然悲愤地投湖自尽了,走了同老舍先生同样的路!

《引力》出版后,我的新书购自天津,解放后带来北京。在"反右派"斗争后的"大炼钢铁"中,连同晨光版的一批书卖给了旧书店。起因于在运动中有人批评我喜欢现代文学是思想陈旧,一气之下以卖旧书的行动作为无声的抗议。这是阿Q式的反抗,看来遇事不能赌气,吃亏的还是自己。

不久即从旧书店重又购回一本《引力》,这也是劣习难改吧。但,这次购得的是李广田送给曹靖华先生的签名本,时间是1948年9月,在北平,那时李先生已由南开调到清华大学来教书。目前有关李先生的传记、年谱,以及1986年山东文艺出版社出版的《李广田文集》五卷本,都据《引力》原书印的时间定为1947年6月出版,而我的藏本由作者把"7"改成"8",证明原书印错了。此外,作者还一一改正了书中的错字,足见李先生的严谨作风。

不可理解的是书中有陈烟桥[①]先生作的插图、封面画和扉画共11幅,插图是素描,扉画和封面画都是木刻。木刻画中表现的正是女主人公追求光明的图像,生动地传达出"引力"在解放区的主题,不想在书中的版权页和作者的"后记"中竟对插图作者没有一个字的说明。

(1996年10月)

[①] 陈烟桥(1911—1970),版画家。原名陈希荣,笔名李雾成等,广东东莞人。1928年入广州美术学校西画科学习,1931年在上海新华艺术专科学校西洋画系学习,开始木刻创作。早年执教于广东、重庆、桂林、上海等地。抗日战争胜利后在上海从事美术活动,为《群众》《仪萃》等进步刊物制作木刻和漫画。著有《鲁迅与木刻》《美术与修养》《美术盛衰论》《游击队之夜》《烟桥木刻集》等。

冰兄的风格

80年代初,徐迟同志由武汉来京,我找出他在1944年11月由重庆美学出版社出版的散文集《美文集》,请他签名留念。记得还有一本抗战胜利后,他在上海印的小说集《狂欢之夜》。《美文集》是战时大后方流行的土纸印成,纸质之粗劣,现代青年是无从想象的。它的封面页只是普通的白报纸,当时不易找到道林纸和铜版纸。

我当面向徐迟同志表示,我对《美文集》的封面特别欣赏。那是漫画家廖冰兄①设计的,非常美,与书的内容十分和谐,堪称美文美画。又因为是刻工雕版后直接上版印刷的,实为套色木刻原版制品,自然带有一种原始的朴拙美。我认为这是新文

---

① 廖冰兄(1915-2006),漫画家。广西武县人。1932年开始发表漫画。抗战期间,在广州举办个人抗战连环漫画展,编绘《抗战必胜连环图》,创办桂林行营美术训练班及《漫画与木刻》杂志,编辑《阵中画报》等。1946年举办个人《猫国春秋》漫画展,翌年在香港参加"人间画会",与友人联办《风雨中华》漫画展。1949年10月后,历任中国美术家协会理事、广州市文联编辑出版部部长、广州市文联副主席等职。毕生主要创作政治和社会讽刺漫画,代表作有《猫国春秋》《打油诗词》《噩梦录》等。

北極風情畫

無名氏著

学版本封面设计的佳作之一。

事隔十年,徐迟同志发表了他的新作《江南小镇》,其中写到了《美文集》及其封面。他是这样形容那封面的:"刻的是一个十分美貌的少女在海滨,一手拎着一只篮子,里面装着鱼虾,沙滩上有四只贝壳,一条伸出五腕的紫色海星鱼,海中还有两条大鱼在游动,上空还有一只海鸥,张开了雪白的翅膀滑翔着。"冰兄先生的画极富装饰味,散溢着诗意,流动着音乐感,线条和布局也流畅完美。冰兄的画风显然受了张光宇先生的影响,他非常喜欢张先生的艺术风格。徐迟又说:

"这幅色彩木刻美极了,我一生所出的书也将近五十种之多,编的书不算在内,没有其他任何一本书的封面,能赶得上这一本之美的……线条是如此幽雅,设计得这么富有匠心,色彩显示得这么明朗,《美文集》三个字也写得很有味道。这封面可以保证我的书,肯定会有很好的销路,至今我还感激廖冰兄的这一这么美妙的协作!"

徐迟对冰兄创作的评价可以说是权威性的。他竟然提到封面可以增加书的销路,这是极端尊重封面设计家的表现。

冰兄为徐迟画《美文集》的同时,又为冯亦代同志的译作《千金之子》作套色木刻的封面,为无名氏的小说《北极风情画》作了彩色封面。虚幻的象征意味,浪漫的抒情风格,强烈的装饰效果,俱是佳作。而他在重庆为《诗文集》创作的封面图案,更充满了清新典雅的民族风格。

夏衍与《守望莱茵河》

冯亦代同志①知道我业余喜爱搜罗现代文学书刊,常常与我作"书的闲话"。

有一次,我讲到他的译著多由大手笔作封面,可谓独得其厚,与众不同。他欣欣然颇为自得,说道:"你若不提起,我倒没有注意呢!"

我的根据是,他新中国成立前翻译出版的几本美国作家的书,如《千金之子》(奥达茨)是廖冰兄作的彩色木刻封面,出于冰兄先生盛年之作。《蝴蝶与坦克》(海明威)是由叶浅予先生绘制的。叶先生很少为别人制封面画,当属稀见。《守望莱茵河》出于丁聪之手,是他擅长的人物线描,简直是一幅出色的戏剧海报。今天,如果把这些封面画摆在一起,用一句老北京的话来说,

---

① 冯亦代(1913-2005),作家、翻译家。原名贻德,笔名楼风,浙江杭州人。曾与人创办《中国作家》杂志,主编《电影与戏剧》,1949年10月后,历任新闻总署国际新闻局秘书长、外文出版社出版部主任、《中国文学》编辑部副主任、《读书》杂志副主编。著有《龙套集》、《书人书事》、《漫步纽约》,译有海明威《第五纵队及其他》等。

够您瞧老半天的啦!

亦代同志告诉我,《守望莱茵河》的初版封面也是廖冰兄画的,新中国成立初期的版本则非丁聪所作。我说除丁聪的以外,另两种都未见过,过了不久,亦代同志送我三本略有破损的旧书,其中就有1950年出版的《守望莱茵河》,而1945年重庆的初版本,他亦不存。冰兄的设计未见,就现有的两种来看,我还是比较喜欢1947年沪版《守望莱茵河》的封面。亦代同志说,他多年的所藏,大多都已流失,伤心了,不想再藏,即送我保存。在我来说,旧癖难改,再也没有比得到这样的馈赠更愉快的了,于是就欣欣然地拜领不误。

亦代同志还在1950年的版本上题句道:

此书系上海友人偶在旧书店得之,即购以为赠。丽琳·海尔曼原剧,乃美国副总统来华时赠郭老者(沫若),辉叔(夏衍)读而喜之,嘱为移译。第一版由重庆美学出版社印行,计三千册,二版及三版由老友叶以群主持的新群出版社在沪出版,共印六千册。渝版封面为廖冰兄所作,二版为丁聪所作,三版封面不知出自谁手。德明兄广事搜罗旧籍,因以为赠,求所以永留后世也。

所谓"美国副总统来华"是指1944年夏季,当时美国的副

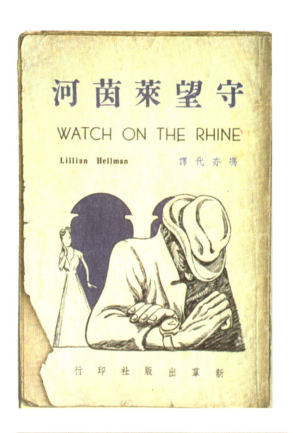

总统华莱士访问重庆。说到夏衍同志对这部剧作的热情，译者在"沪版后记"中还谈到，夏衍从郭老那里看到这部书以后，"废寝忘食地读了三整天。他极愿望能把它译出来，不巧他自己手头正在写剧本，等着要上演，便把这工作交给了我。"于是亦代同志便在汗流浃背的大暑中，以半个月的工余时间译完此书。"其后又得到辉叔的帮助，把全剧的对白与原书对照润饰了一次。读这剧本而不感到那种常见的译文生硬与佶屈聱牙，实在应该感谢他的细心修改。"夏衍同志曾为冯亦代校订过译作《守望莱茵河》，这几乎已是不为人知的文坛掌故了。

美国女作家丽琳·海尔曼的《守望莱茵河》写于1941年，是一部反纳粹主题的三幕话剧。当时在美国公演轰动一时，但是译者担心在中国不易上演，主要是怕戏冷不赚钱。40年过去了，迄今为止恐怕亦不曾搬上过中国舞台。即使是中译本，如果不是当年夏衍同志的好事，恐怕也不会得以流传吧。

（1985年3月）

致丁聪[1]

小丁兄,你的画展先后在福建、上海举行了。恨我不能赶到会场去欣赏一番。你知道,我对你的画有偏爱,实在是美。构思美、线条美、造型美、简练美、装饰美……一切都是那么妥帖、准确、舒服。看你的画一点也不累,像听高洁的轻音乐,抒情而轻松。即使你旧时所作的暴露国民党黑暗的那些作品,尖锐深刻,但形式亦美,不同于照片和图解,这才是真正的艺术和大手笔。

你不会误会我是当面来捧场吧,因为你事先既没有送我红包,也没有请我进美食城。我就像个戏迷,对着台上醉人的表演,情不自禁地便要鼓掌喝彩。我是抗战胜利以后才接触你的作品,

---

[1] 丁聪(1916—2009),漫画家。笔名小丁,上海人。中学时代开始发表漫画。抗战时期,在香港等地编《良友》《大地》《今日中国》画报;并创作《阿Q正传》插画、《现象图》等。抗战后发表了大量政治讽刺画,如《良民塑像》《公仆》《民国万"税"》等。1949年后任《人民画报》副总编辑。1957年被打成所谓"右派分子"后极少发表作品,1979年后重新创作讽刺漫画,并为鲁迅、老舍、茅盾等人的小说画插图。1980年后,出版《阿Q正传》插画、《丁聪漫画系列》《中国漫画书系·丁聪卷》《古趣图》《今趣图》(外文版)、《新百喻经》等20多种作品集。

可谓一见倾心,始终不渝。我想,一位艺术家在他的创作生活史上,也许有所谓高峰期吧,凭我有限的目光,我感到你在胜利后复员到上海那一段,似乎表现得分外活跃,最见光彩。我就是从柯灵、唐弢编的《周报》上,认识了你的画和你的为人。对于国民党,你是个天不怕地不怕的好汉;对于艺术,你精益求精,执著地全力投入。这两者你结合得如此完美,我就是那时与你开始神交的。在我俩没有相熟以前,我早已对我的同事、令妹一薇女士讲过多次了。我原以为,你这个人一定事事严谨,没想到你在生活中随便得有点马马虎虎,连自己画过的画都没有记录,也不保存自己设计的书刊封面和插图。有时经我指出,你会惊诧地问我:"是吗?不记得了。拿来让我鉴定一下如何。"比如,1947年你给上海晨光出版公司出版的钱锺书著《围城》初版本,画了一对人物肖像作封面,你就忘了个精光。我复印了一份给你,还写了一篇书话。不用我解释,你和读者都能明白,比起以后各版的《围城》封面,我还是喜欢你的那个。应该向你和读者致歉的是,我虽然说过你的画风格突出,我一眼便能认出,但我还是把你为夏衍改编的《复活》画的封面错成廖冰兄的了(见拙著《余时书话》,1992年四川文艺出版社出版)。不过我在文中已经说明,这是我请教过当时出版此书的冯亦代兄以后才落笔的,如果论罪,他也有一半。一笑。

对于你在书刊装帧设计方面的成绩和贡献,我敢说你的展览会上不一定能完全反映出来,因为你曾托我代寻资料,我完成得并不好。你早就是个风度潇洒得不计名利,不事自我宣传的君子,当年有许多画,你完成后连"小丁"两个字也懒得写上。比如你在上海与吴祖光合编的《清明》杂志,与凤子等人合编的《人世间》杂志,都是你设计的版面,画了很多署名和不署名的插图、题图、尾花之类,你为什么不好好跟别人侃一侃呢!《清明》是16开本,你设计的版面疏朗悦目,艺术味很浓;《人世间》是32开本,你却不追求小巧,大方得气派不凡。我认为你没有署名的那些题图、尾花,完全可以作为独立的艺术作品来欣赏,当作艺术精品来珍藏,遗憾的是它们已无声无息地躺在旧书刊里近半个世纪了。现在让我挑出几幅,请贤明的读者们公证一下如何?

《清明》第二期(1946年6月出版)有关于剧人贺孟斧周年祭的一组文章,题图人物肖像没有作者署名,一看便知是出自你的手笔。笔触的流利和简练、人物的传神,以及版面框线的设计都经得起推敲。《人世间》创刊号(1947年3月出版),载有沙汀的小说《烦恼》,是写抓壮丁的故事,你塑造了一个雕像式的人物,从画面上可以感到你对主人公的巨大同情。第六期的刊物上(1947年8月出版)载有唐涵的小说《土龙》,写一个善良的卖落花生的农村小贩,你的画没有署名。还有梅志的小说《病》,写国统区一个小职员家庭的贫困,载于《人世间》二卷一期,你画的题图也没有署名。当然,没有署名的你的杰作还有许多,如《人世间》上田仲济的散文《山城的更夫》、巴波的小说《王参议员》、臧克家的诗《做不完的好生意》等。我真想建议你编一本自己创作的封面设计和插图集,包括你画的题图、尾花、版式和美术字等都应收入其中。你有这个雄心壮志吗?

《读书》杂志从创刊以来,版面的总体设计一直是你,是你奠定了这个刊物的清隽典雅,不趋时,不卖弄的装饰风格,而且每期文前方寸之大的题图人物肖像也出自你手。你这位大画家肯于画小刊头,这也是难能可贵的。我在今年第九期的《读书》上,看见你又为两位爱尔兰的小说家作了两幅肖像,画上没有署名,文后也没有加注,这是为什么呢?是你的谦虚,还是编辑们疏忽了!难道你敢说那不是你画的?

(1993 年 10 月)

《围城》的封面

钱锺书先生[①]的长篇小说《围城》,由于电视剧改编的成功,如今已是众人纷说了。人民文学出版社特地赶印了6万册,以应书市的急需。

《围城》的初版本,1947年5月于上海晨光公司出版。作为"晨光文学丛书"中的一种,封面设计都是统一的,每一种只要更换书名和颜色,以及右下方的一幅画即可。比如徐志摩的《志摩日记》和老舍的《老牛破车》,右下方都用了作者的照片,而《围城》由丁聪作画。但是,书中并无说明,以至多年后连画家也忘记此事。丁聪用十分简练和流利的线条,描画了一对背对背的男女半身肖像。男主人公手持烟斗,颇具绅士派头。当年丁聪

---

① 钱锺书(1910-1998),作家、学者。字默存,号聚槐,江苏无锡人。1933年毕业于清华大学外文系,1935年入英国牛津大学英文系学习,以《十七、十八世纪英国文学中的中国》一文获文学学士学位。1937年转赴法国巴黎大学研究院进修法国文学,次年回国。抗战期间,历任西南联大外语系教授等职,20世纪50年代初在清华大学外文系任教,1952年任北京大学文学研究所研究员,1982年任中国社会科学院副院长。著有小说《围城》,散文集《写在人生边上》,小说集《人·兽·鬼》,长篇文论集《谈艺录》及《管锥编》等。

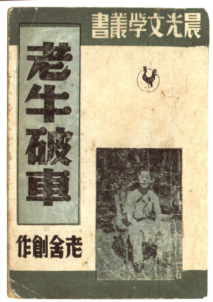

为很多文艺书刊设计了封面,常作人物半身肖像,如骆宾基的小说《混沌》,以及凤子编的《人世间》等都是。我曾经问过画家何以如此,他说如果人物画成整身,或再加上环境描写,岂不成了书籍插图?反之则可突出地刻画人物形象,我为他补充说:"你的封面人物画,给人一种雕塑的趣味。"其实这也是我40多年前读他封面人物画的感觉,只是那时我们并不相识。

1948年9月《围城》再版,封面画换过了,亦无说明和介绍。换上的似乎是一幅绘画或文学插图,看不清画中的人是中国人还是外国人。画中一男士坐在桌旁吸雪茄,一女士背向男士伏在柜前面壁凝思。我以为这幅画不如丁聪的设计单纯、鲜明。直到前几年,我偶然读海外的报刊,见到有人介绍英国现代画家华尔德·理察·锡克特(1860-1942),所附的插图正好是《围城》再版本用的那一幅画,标题为《烦恼》。这是一幅油画,它同丁聪的设计有相通和巧合之处,都是在表现人物之间的矛盾和烦恼,而且主人公都是一对男女,这是不是就很典型地体现了《围城》的主题,也难说了。

据介绍,华尔德·理察·锡克特是英国印象主义派画家,受了法国印象派画家的影响,他也走进"外光派"的行列,即这些画家都喜欢直接利用室外的自然光来作画,他定居英国,但每年都在巴黎住一段时间,借以了解世界美术的新潮流。他善于作风景画，主要表现光的效果和某种气氛。1914年创作的这幅《烦恼》，是着重描写室内场景和人物心理动态的肖像画，颇受时人重视。《围城》再版本选用它来作封面，当然是借用它的讽刺和象征意味，这与书的总体气氛也是吻合的。也许它的内涵比丁聪的设计丰富些？

我在1949年3月出版的《围城》第三版扉页上，又见到DG创作的一幅漫画。画面上一博士装男士，一裸女，一条远洋客轮。博士帽、文凭、论文、洋装书和笔均已腾空而飞。看来这也是为了呼应书的内容而作，不过稍欠含蓄，美感无多，从读者的角度来考虑类如蛇足了。

1980年人民文学出版社的重排修订本，排除了先前设计的一切因袭，封面完全改观，几乎没有任何装饰，更不要说人物图影了。方鸿渐究竟是什么样？孙小姐、苏小姐又究竟是什么样？画家也难以执笔，不过这个封面又过于庄重和古板了，甚至可以说缺少文学书的意味。

《西厓装饰画集》

1947年10月,上海耕耘出版社以精装方型开本出版了《西厓装饰画集》,印行了一千册,1958年4月30日,我得自北京东安市场富强旧书店,价一元。这册朴素精美的画册,也许是自新文学诞生以来的第一本书籍报刊的装帧画集。

物以稀为贵,多年来我很珍视它,觉得这是我们研究中国现代书籍装帧艺术史不可少的物证之一,说明出版界已经不把此类小品当作雕虫末技了。同时我也感到扫兴,因为自本书问世后近半个世纪了,除了钱君匋、曹辛之先生出版过书籍装帧画集外,很难再见别的,还合不到十年出一本,这能够说明出版界已经充分重视出版文化的提高吗?当然,提高出版文化的内容,绝非装帧设计一事,然而它所占的地位却是相当重要的。

本书共收装饰画60幅,都是单线勾描,只有几幅是彩色的。作者写有自序,讲到他常为报刊作刊头和扉画,数量可观,开始并未关心,后来读者留意,才引起他收集的兴趣。抗战以来,作者的生活流动性很大,历经浙赣战争,东西失尽,逃难到福建南平才稍安定,到抗战胜利以后已积存刊头扉画几百幅。这60幅便是从中选定的,其中有七幅装饰画是木刻。作者对装饰艺术的看法是:"所谓装饰画,要取材趣味新颖,构图用色明丽,含义有内容,大的像壁画,小如文章上的眉画,都有同样的要求,否则易犯粗俗病。"

章西厓①先生深刻领略个中三昧,因此他的装饰画构图非常简练,线条柔美流利,黑白对比鲜明,一看便是独立的装饰艺术。与当今流行的装饰刊头和扉画不同的是,现在的刊头画装饰味不浓,布局过于琐碎,实与插图无异。这是由于作者根本没有认识装饰画的特殊性格,以一般绘画代替了装饰艺术。

画集中的刊头画,都是没有标题的,如弹琴的少女,画面构图的完美和黑白色调的强烈,几乎无懈可击。街灯下的劳动者,好像正为什么难题所扰,有点心绪不宁的样子,堪称"含义有内容",而线条和形式都是很美的。

据作者介绍,他的这册装饰画是由曹辛之推荐而出版的。曹先生是诗人亦是装帧设计家,他之所以赏识西厓的装饰画自

---

① 章西厓(1917—1996),艺术家、画家。笔名"艾士"等,浙江绍兴人。自幼受家庭开设裱画店的环境影响喜画,1936年入国立杭州艺术专科学校学习。1939年与万湜思等创办《刀与笔》期刊。1940年与张乐平等编绘《星期漫画》副刊。1946年后,历任上海《前线日报》、杭州《东南日报》、上海文艺出版社美术编辑。出版有漫画木刻集《火与力》、《西厓装饰画集》等。

然带有一定的权威性。前些时候我见到曹先生,与他谈及西厓的这本画集,并且表述了我的看法。我以为西厓的装饰画,特别是木刻部分,与40年代后期黄永玉的木刻有相近之处,人物形象、动作都有点夸张,讲究形式美,装饰味道很浓。曹先生说:"当年我同西厓的相识,便是由永玉介绍的。他也喜欢西厓的作品。"看来我的猜测并非无据,章与黄的艺术风格在当时确有相通的地方,作品既不脱离生活,又注重装饰美,这在艺术上是一种极为严格的要求。

章先生在抗战当中还作过速写与漫画,近数十年来装饰画也搁笔已久,现在专画中国画,又以花卉为主。不过与众不同,他的画强调装饰味,不泥古,色彩浓,更近现代风韵。

(1993年10月)

念辛之

在热闹的王府井大街,我生活了30多年。

报社对面有两条胡同,一是东单三条,一是帅府园。我们的机关食堂在三条,每天要去好几趟,帅府园有协和医院,这是我们单位的合同医院。协和对门是中央美术学院。中国青年艺术剧院的宿舍也在三条。在这么一个小范围里,常常可以在路上碰到一些名人,用现在的俗话说,全是些"明星"。三天两头地会碰上名医林巧稚、张孝骞;演员金山、孙维世、石羽、路曦、梅熹、邵华、冀叔平、白珊……那时不兴"追星族",演员不必戴墨镜便可悠然漫步,像普通老百姓一样。观众尊敬演员,并不娇宠演员。

曹辛之[①]兄住的是人民美术出版社的宿舍,在帅府胡同的

---

① 曹辛之(1917-1997),"九叶派"诗人,书籍装帧美术家。笔名"约赫"、曹吾、"曲公"等,江苏宜兴人。1936年与人合办文艺刊物《平话》。1938年在延安陕北公学、鲁迅艺术学院学习。1940年后在重庆从事编辑和书籍装帧设计。历任人民美术出版社编辑、中国装帧艺术研究会会长等职。其装帧设计的代表作有《印度尼西亚总统苏加诺藏画集》《最初的蜜》等。有《曹辛之装帧艺术》。

一座平房小院。我常在王府井新华书店碰到他。他平时爱穿西装,细高挑身材,蓄有小胡子,一看便是艺术家的风度。他干了一辈子出版装帧工作,怎能不跑书店。抗战胜利后,我是辛之等主编的《诗创造》的热心读者。从那时直到现在,我一直把这刊物,以及同时期出版的《文艺复兴》(郑振铎、李健吾主编)、《人世间》(凤子等主编)、《文艺春秋》(范泉主编)都看作是严肃的进步文艺刊物。丁聪和辛之分别为《人世间》、《诗创造》设计的版式和插图、装帧更得我心。

当时有人说《诗创造》是提倡现代派的,有点贬义。好在我那时也不懂什么叫现代派,总觉得这小小的诗刊很有魅力,既反映现实,又艺术性很强,也看得懂。记得有一期叫《丑鱼的世界》,正是以辛之与方平的一首讽刺诗命名。那诗是揭露和批判国民党的,通俗得有点像马凡陀的山歌了,一点也不朦胧费解。当然,方平和辛之都不擅长写这种诗,只是一种追求和向大众靠拢吧。他们更爱写自由体的抒情诗。解放后,我在北京竟认识了好几位《诗创造》的作者,如新闻学校的同学申奥,报社的同事袁鹰、程边(程光锐)等。他们的诗也都反映了时代的呼号,为旧世界唱丧歌,为新世界催生。

70年代中期,直到报社从王府井迁出以前,我经常去辛之兄的小平房里聊天。那间小屋真够挤的。特别是冬天,推开门就是火炉子,坐在旧沙发里就没有空间活动了。辛之先侍弄炉火,再泡上一壶茶,并拿出他设计的几本新书看。桌上还凌乱地放着几件他没有完成的创作。在这狭长的小胡同里,在一座简陋的小院和低矮的斗室中,辛之创造出这么多美丽的书衣,真有点神秘莫测,出人意料。

房子虽破旧,可艺术氛围还是很浓的。墙上挂有茅盾、沈从文、黄苗子、张正宇给他的题字;有黄永玉的画,李平凡的小品;再就是辛之的书法和竹雕。我在那里先后碰到过卞之琳、荒芜、陈敬荣、郑敏、袁可嘉、杜运燮……有一天下午,艾青、高瑛刚走,我便进门了。辛之为人厚道,朋友们都喜欢他。

十几年前,他要出版《曹辛之装帧艺术》,找我借了《诗创造》去照相制版。因为他保存的是合订本,我的是单行本,而且书品好,崭新的,色彩也鲜艳。他对这本画册很关心,是他一生对书籍奉献的明证。他跟我说,他平生无所求,能有这本画册出版便知足了。我听了很感动,想象他年轻时奔赴延安,后来奉命到重庆,参加生活书店的工作,一直以韬奋的精神严格要求自己,可是命运却不佳,1958年打入另册后,被流放到"北大荒",受尽折磨,身体也垮了。为什么老天对这样的老实人总是这么不公平!

我喜欢他的装帧,先后请他设计了《战地》《大地》《绿》、《丙辰清明纪事》《八方集》等封面,还有拙著《书叶集》《清泉集》的封面，这些都已收入他的画集中。拙著《北京乎》出版时，他刻了一方我的名章赠我，又刻了一方我的生肖章——蛇，这些已收入他的《曲公印存》中。他的篆书和治印，同他的诗和装帧艺术风格一样，接近婉约、清丽的一派，很美，有装饰味，是抒情的轻音乐。1977年，他送我自己篆刻、拓印的《陈毅满庭芳》，精致的线装本，封面由茅盾题签，扉页有齐燕铭题字。从他到琉璃厂选纸、裁纸，到一页页地拓印，然后是贴缎签，用丝线一针一线地缝制，不知融进多少心血。他自费制作了100本，只为表达对一位忠臣良将的尊敬。这种感情能不得到朋友们的共鸣吗？

前年11月，我赴美探亲之前给辛之兄挂了电话，与他话别。去年4月归来，还来不及向他报告，他竟突然倒下了。我失悔没有及早去看他。再相见，是在医院的地下室，他已闭目无言。而今辛之离开我们已经一周年，恨岁月匆匆，更难忘他那充满了智慧的闲谈，以及他那充满艺术味的小屋。相晤已不能，若想重温旧梦，只能从他的诗、书、画中去遐想了。

辛之兄留给世人的美是永存的。

（1996年4月）

《冬夜》种种

1922年1月,朱自清给俞平伯的第一本诗集《冬夜》写序,那时距新诗在中国的诞生不过才三四年,可朱先生却感慨地说:"诗炉久已灰冷了,诗坛久已沉寂了!"这里透露了新诗发展的道路并不是那么顺利坦直的。

"五四"前后,新诗还在尝试阶段。当时有四本诗集最著称,即胡适的《尝试集》、郭沫若的《女神》、康白情的《草儿》、俞平伯的《冬夜》。这四本诗集自然有高低,但都闪耀着先行者寻找新诗之路的光芒。

俞平伯早在"五四"以前便已经写新诗了,从一开始他就主张新诗是平民的,应该以口语入诗。周作人和康白情则认为诗是贵族的。这场争论很有趣,虽然后来不了了之,各人的观点亦有变化,却可看出初期的诗人们一开始便很关心新诗的指归。就诗的主体来说,俞平伯控诉了军阀的统治,同情那些在底层的被残害者,歌颂了为人民的利益而牺牲了的人,尽管在《冬夜》里这种诗还不是太多。俞平伯在《无名的哀诗》里写了一个惨

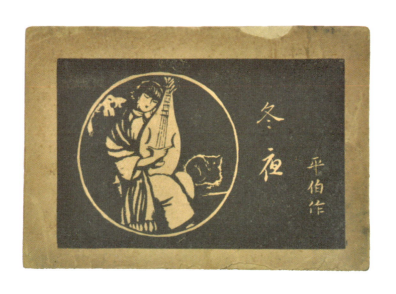

死的轿夫。他为轿夫的身世鸣不平,为这个无名的死者洒同情泪,咒骂了那个时代:

> 在饥饿底鞭子下黄着脸的,
>
> 在兵士们底弹子下淌着血的,
>
> 在疫鬼底爪子下露着骨头的;
>
> 所谓上帝的儿子,
>
> 不幸的兄弟们,
>
> 竟这样断送光荣的一生。

《冬夜》里写了不少风景诗,是自然的写生,写得非常自然,有画面,有感情。后来诗人意识到:诗,不能单纯地写风景。他的诗走近哲理,语言仍是通俗的,如《所见》:

> 骡子偶然的长嘶,
>
> 鞭儿抽着,没声气了,
>
> 至于嘶叫这件事情,
>
> 鞭丝拂他不去的。

俞平伯传统诗词曲的根底很深,他的新诗显然吸收了民族的风格,既讲意境,也求音韵美。读《冬夜》里的诗,常有一种音乐感,虽出之口语,竟能有如此魅力,初期白话诗人们的追求启发了后人。当时如果不做这种努力,也无法巩固新诗的地位。比如《潮歌》的开头既是白话诗,亦是词:

左顾汪洋,右顾迷茫。

　　平铺着的烂黄,

　　是海?是江?

朱自清先生说,俞平伯的新诗有一种特异的修辞法,即偶句的大量运用。朱先生以为如果偶句运用得当,可以帮助意境和音律的凝练。比如《送缉斋》便是:

　　碧云寺,淋着脚的雨;

　　锦带桥,打着头的风;

　　去年北京的雾那;

　　今年杭州的云那……

《冬夜》1922年8月由上海亚东图书馆初版,扁横的开本,直排的诗句,豆青的封皮纸上只印一种黑颜色的画。一少女正弹琵琶,旁边一睡猫,神态很美。承俞先生书面示知,此画为许敦谷先生[1]作。

---

[1] 许敦谷(1892-1983),广州人。擅长国画。毕业于日本国立东京美术学校,历任上海神州女校、上海东方艺专美术教员,云南昆明师范学院艺术系教师。作品有《垂柳小鸭》《百花图》《花卉》等。

《西还》前后

继《冬夜》之后,俞平伯于1924年4月在上海亚东图书馆出版了诗集《西还》。书名《西还》是指作者游历欧美之后西归故国之意,诗作终结于抵达上海之日。

书前有付印题记:"江南人打渡头桡,海上客归云际路。"封面是一幅西湖月夜的水彩画,或许是为书中的一首《竹箫声里的西湖》写照。画上署名"野",经笔者请教俞先生,知道是已故画家洪野[①]所作。书前无序,但是在1933年2月开明书店出版的俞平伯散文集《杂拌儿之二》中却收有一篇《〈西还〉书后》。俞先生本不主张诗集必有序,因为"恃序以诠诗,不亦谬乎"?又说:"《冬夜》编年,冠以两序,如象之巨座,蛇之赘足,余兹愧焉。"这篇写于1922年太平洋舟中的"书后"原附于《西还》书中,意在说明诗集不必有序,可是这个说明终于还是序,于是作者只

---

① 洪野(1886—1932),又名"禹仇",安徽歙县人。1914年任教于上海图画美术专科学校,后历任上海神州女校美术科主任、上海艺术大学教授等职。代表作有《卖花女》《敲石子工人》《驴车夫》等。曾为郭沫若的《石炭王》小说画插图。

好自动割爱了,以至《西还》的初版本光秃秃的无序无跋。依笔者看来,诗集固然可以无序,但是作为读者则更希望知道一些诗集以外的因果和周折,这种心理和要求是正当的。俞先生的诗集最后都有了序跋,这就打破了他原来的拘泥。

俞平伯对《西还》还有些偏爱。他说:"《西还》是一部'数奇'之书,没有容它再版,已经绝版了。它不带一点披挂以求知遇,果然不为世所知,殊有求仁无怨之慨,我倒特别的喜爱它呢。"然而,《西还》多哲理,比《冬夜》读起来要费点思索。我更爱《冬夜》,以为《西还》不如《冬夜》清新、自然、隽永。胡适说,作为诗人的俞平伯想当哲学家,结果呢? "反叫他的一些好诗被哲理埋没了。"这话不无道理。可是,俞平伯在《冬夜》再版代序中说:"作诗不是求人解,亦非求人不解;能解固然可喜,不能解又岂作者所能为力。"这种理论同他先前主张的新诗是平民的有点矛盾,不过此时他对诗究竟是平民的还是贵族的已无兴趣,他说"于我久失却了它们的意义",因此他"不想引起令人厌而笑的纠纷"。理论和实践有了距离,所以朱自清为此而得出结论:"诗到底怕是贵族的。"连他也对俞平伯的某些诗感到朦胧,不好懂。说起来这是60年前的旧话了。

《西还》中收《呓语》18首,止于1923年7月。《西还》以后所作的新诗总名即为《呓语》,"因为想诗题有时比做诗还要困难。"这话载于 1932 年 2 月出版的《文学月刊》第二卷第三期上。这是一期"新诗专号",俞平伯又发表了《忆语》二十二至三十五,其中十九至二十一先前已经刊载在《我们的七月》和《我们的六月》两本书中。诗前有作者的一段短序,自称:"这次的汇刊,正足以示我在新诗坛上没落而已。"这自然是诗人的一种谦词,不过此后我们也就很少再看到俞平伯先生的新诗了。

林辰的赠书

林辰①先生健在的时候,我最喜欢与他一起谈书。当然主要是我向他问这问那。他亦乐于开怀放谈。最后他常对我说:"你真爱书。"其时我心里在说:"您才是真正的爱书人。"

1985年夏天,忽然收到林先生寄来一书一函。书是1926年6月北新书局出版的高长虹著《心的探险》,且是"毛边本"。可惜书品稍差,缺封底,封面也散掉,内文却全。我得此书,也很快乐。这书虽非作者的处女作,却是鲁迅先生一手编订校对纳入"乌合丛书"中的。鲁迅特地为它设计了封面。书成后,先生又亲赴北新书局,从李小峰老板处取回赠书十二本。只是先生很不赞成高长虹硬把"乌合丛书"算作高的"狂飙运动"中的工

---

① 林辰(1912-2003),鲁迅研究专家。贵州郎岱人。本名王诗农,另有笔名"施农"、"芝子"、"上官松"、"石绮"等。曾就读于贵州省立师范学校,先后在贵阳、重庆等地任教。1938年开始发表文学作品。1949年10月后历任重庆大学、西南师院中文系教授,人民文学出版社编审等职。自20世纪40年代起,长期从事鲁迅生平史实及其著作的校勘、考证、注释和编辑出版工作,先后参加了1957年版、1981年版《鲁迅全集》的修订工作。著有《鲁迅事迹考》《鲁迅述林》、《鲁迅传》,编有《许寿裳文录》。

作,"未免太利用别个了,不应当的"。(见《集外集拾遗补编·新的世故》)林先生在本书扉页上用毛笔写有小跋:

此书为鲁迅先生所选定,并为作封面,至可珍贵。一九二六年出版时仅印千册,至今近六十年,极为难得。德明兄嗜书成癖,插架甚富,而尚缺此书,因以奉赠;惜不能先付装池再以进呈为可憾耳!

林辰

八五年九月

林先生怎么会知道我不存此书? 不记得了。来信却好像讲了一段赠书的故事。全文如后:

德明兄:

从您的一篇文章里知道您尚缺《心的探险》,我就想奉赠一册,但因在冷摊买来时已很破旧,准备修订后再以奉呈,然"文革"后北京竟无一家修补旧书的店铺,因此就拖了下来,数月前听人说琉璃厂开了一家,上月由暑假回京的孩子陪同去了一趟(我一人实无力去挤车),但只修线装古籍,不修平装书,没有办法;现在就只好这样奉上了。这令我心里很歉然。您的熟人多,希望能设法找人将它装订好,把鲁迅先生作的那幅优美的封面补上去,俾成为一册便于保存下去的珍本。

此书目录后有"鲁迅掠取六朝人墓门画像作书画"一行,用"掠取"二字,可见先生风趣。

专此,即颂

著安

林辰上
八五年九月九日

鲁迅先生用字常有越轨或出奇处,"掠取"即绝妙。这不由得让人联想起他找陈师曾写字,不用"请"或"求",而用"捉",其意趣正相同也。

从林先生的来信中我才知道,为了送我这本书,他们父子二人竟在公共汽车上挤来挤去,又在厂肆间东寻西觅地探访修书小店,最后仍是失望而归。北京的旧书业确实已经败落,听朋友说,现在也有个别业余爱好装池旧平装书者,可是我不想麻烦别人了,宁愿保持旧书原貌,让我时时想到前辈这种严肃而美好的品格。

一位白发苍苍的老人,在儿子的扶持下,手持一本旧书,奔波于京城街巷的画面,永远深印我的记忆之中了。

郁风·袁水拍·向日葵

郁风①大姐在世时,我读她的散文和绘画,印象最深的是,她忘不了故乡富阳的山水和朴实茁壮的向日葵。2005年,三联书店出版了她的散文集《故人·故乡·故事》,我收到作者的赠书,便在封面上见到她画的一幅彩墨向日葵。她在书中的《我的故乡》里说,故乡每一条路上都有结实得和庄稼汉似的向日葵,一排排地向人们点头微笑。画家会情不自禁地问候向日葵:"你们都好哇?"同时她也会联想起友人袁水拍在抗日战争期间写的一首反法西斯的诗《寄给顿河上的向日葵》,那是享誉一时的名作。

---

① 郁风(1916-2007),浙江富阳人。自幼受家庭影响(其父亲为法学家郁华,叔父为作家郁达夫),酷爱文艺。早年入北平艺术专科学校、南京中央大学艺术系学习西洋画,20世纪30年代在上海、广州等地参加救亡运动,为报刊作插图、漫画。1940年与叶灵凤等友人在香港创办文艺杂志《耕耘》,任主编。20世纪50年代起在中国美术家协会负责展览工作。创作早期以水彩风景画、舞蹈速写、漫画插图为主,后主攻中国画,著有散文集《我的故乡》《急转的陀螺》,编有《郁曼陀陈碧岑诗钞》《郁达夫海外文集》等。

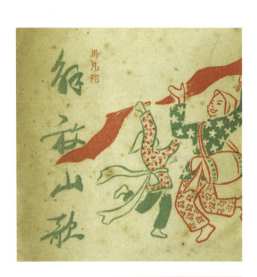

画家与诗人结识于抗战初期的香港。1940年，诗人以"新诗社"名义出版的第一本诗集《人民》，即请郁风作封面。郁风以几位劳动人民的肖像，深情地呼应了书名和诗集中的《中国的劳动者》等诗篇。封面人物的那种沧桑感，深深感染了读者，不愧是新文学版本装帧艺术中的优秀之作。

1943年5月，袁水拍①在重庆美学出版社出版了第二本诗集《向日葵》，收入了《寄给顿河上的向日葵》。他又请郁风设计封面。郁风以流利而自然的单线勾画出一幅简约有力的向日葵，既单纯又有装饰味。

1943年11月，袁水拍在桂林远方书店出版了诗集《冬天，冬天》，还是请郁风设计封面。醒目的是远方几棵枯树，微妙地传达出诗人对冬天的一种感情。木刻衬以淡蓝的底色显得更美。记得在上个世纪的60年代初，天津试办自由市场，那时水拍同志已经离开报社到中宣部工作了，听说我们文艺部要去参观，他兴致勃勃地也参加了。在天津，我忙中偷闲，还是从天祥商场二楼的旧书店，花了四角钱淘得此书。诗人也感到很意外，可惜我

---

① 袁水拍（1916—1982） 诗人。原名袁光楣，笔名"马凡陀"，江苏吴县人。1935年入学上海沪江大学。抗战爆发后开始诗歌创作，曾任重庆美术出版社编辑，1949年10月后任《人民日报》文艺部主任等职。著有诗集《马凡陀山歌》、《沸腾的岁月》、《解放山歌》、《江南进行曲》等，译有《马克思主义与诗歌》、《聂鲁达诗文集》等。

当时没有请他签名,也没有问他那木刻是郁风刻的,还是选用他人的作品。

1949年6月,正面临着全国解放,诗人以"马凡陀"的署名在香港出版了《解放山歌》。我保存的却是同年11月在上海新群出版社出版的再版本,郁风再次设计了封面。画风比较写实,红旗、腰鼓和欢乐起舞的人物,充分体现了时代的氛围。

我收藏的这几本诗集,生动地印证了诗人和画家多年来的友谊,堪称文苑的一段佳话。

但,这还不算结束。诗人逝世两年后的1985年7月,人民文学出版社出版了徐迟[①]作序、袁鹰作跋的《袁水拍诗歌选》,郁风最后一次为故人的这本书设计了封面。这次她又画了满纸带点象征意味的向日葵,说明此刻她依然看重诗人的代表作《寄给顿河上的向日葵》。因为那是一首充满了希望和歌颂人民胜利的抒情诗。

---

① 徐迟(1914-1996),诗人、作家、评论家。原名商寿,浙江吴兴(今湖州)人。20世纪30年代开始写诗。抗战爆发后,曾与戴望舒、叶君健合编《中国作家》(英文版),协助郭沫若编辑《中原》(月刊)。1949年10月以后,历任《人民中国》编辑、《诗刊》副主编、《外国文学研究》主编、湖北省文联副主席等职。报告文学代表作有《哥德巴赫猜想》《地质之光》《祁连山下》《生命之树常绿》等。2002年设立"徐迟报告文学奖"。著有诗集《二十岁人》、文艺评论集《诗与生活》及《徐迟散文选集》、长篇回忆录《江南小镇》等。其家乡浙江南浔古镇建有徐迟纪念馆。

1956年的夏天,前辈萧乾带我去东观音寺的栖凤楼拜访了苗子、郁风夫妇。那时郁风大姐正负责中国美协展览部的工作,在各种美术展览会的开幕式上,常常可以看到她忙碌的身影,跑前跑后地那么潇洒自如。

80年代初,我未能免俗,亦曾向她求过画,并表示赐我一张袖珍小品便可。想不到郁风大姐给我画的竟是浓墨重彩的巨幅向日葵。望着画,我在想:郁风大姐怎么也抹不掉对反法西斯战争的记忆,也永远不会忘记故乡富春江边那些茁壮的庄稼。

(2011年11月)

照片入封面

如今书籍封面以作家头像作封面的已司空见惯,特别是利用电脑科技手段制作封面装帧以来更是五光十色,眼花缭乱。现代感强了,商业色彩亦浓了,失去的却是朴素的文化气息。30年代以作家的照片作书籍封面已是新潮,我记得只有赵家璧先生编的《良友文学丛书》做过尝试。特别是在书籍封套上,人们可以看到丁玲、张天翼、谢冰莹①等人的相片,当然也有鲁迅等作家的木刻像或速写,仍不失雅致的文化品位。

抗战胜利后,赵家璧先生复员回上海,先为良友出版公司印行老舍的《四世同堂》,封面用的是老舍先生的素描肖像。稍后,他又在新办的晨光出版公司编辑了《晨光文学丛书》。书籍装帧沿用当年"良友"的风格,总体设计不变,右下角留出的空间,

---

① 谢冰莹(1906-2000),女,原名鸣冈,字凤宝,湖南新化人。1927年参加"北伐",著《从军日记》。1931年及1935年曾两次赴日,入东京早稻田大学研究。一生共写作60余本书,主要作品有《从军日记》、《麓山集》、《青年书信》、《我的学生生活》、《一个女兵的自传》、《军中随笔》、《一个女性的奋斗》等,儿童文学《动物的故事》、《太子历险记》、《仁慈的鹿王》、《小狮子的幻想》等。

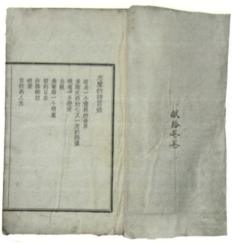

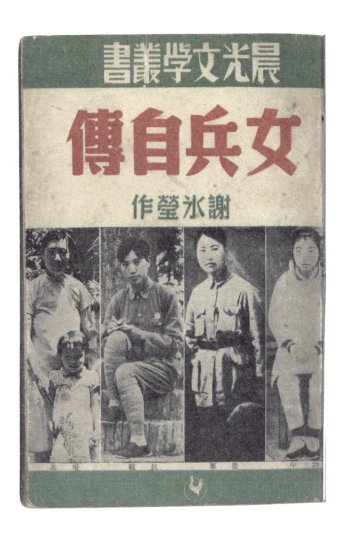

可以每书各异，有的放作品插图，有的放作者的素描肖像或照片。"良友"与"晨光"两公司，在出版物的印制方面受到日本和欧美现代出版物的影响较明显，以摄影，包括人物照相入封面，亦影响之一。就我的记忆，这一时期利用作家的照片入封面比以前为多。这与当时摄影艺术的进步，以及照相制版技术的发展也分不开。

1947年3月陆小曼编辑《志摩日记》，封面选用了徐志摩的半身照，旁边花瓶里还插了一枝梅花，看上去很雅静。诗人逝世多年，读者正想一睹他的丰采。1948年4月出版的《老牛破车》，是老舍先生的一本创作经验集。封面设计与《志摩日记》同，只换了书名和老舍坐在草坪木椅上的一张全身照，情绪至为欢快。

谢冰莹的《女兵自传》，因为要多放几张作家的照片，书名改为横排，基本保持了丛书装帧的格局，而且四张照片选得亦好。一是作家的少女时代，二是北伐时期从军的女兵，三是抗日战争时期的戎装，四是抗战胜利后与幼女在北平的日常留影。四幅照片，简要地概括了女作家的生活经历。应该说这是运用照片设计封面的一次成功试验，满足了读者的阅读兴趣。

当然，也有人不喜欢用人物摄影作文学书籍的封面，认为缺少文学意味和书卷氛围。我倒认为如果设计得当，这个矛盾是可以解决的。

叶鼎洛的插画

现代作家中喜欢为自己的作品画插图的,我知道的有四位,一位是写过小说《露露》的马国亮,一位是创造社的叶灵凤,一位是女作家张爱玲。现在要说的是叶鼎洛①。

叶的名字很多人都生疏了,但在20年代的文坛上却是相当活跃的。他是江苏江阴县人,曾经参加了赵景深、焦菊隐等创办的绿波社。赵先生早年便说过,叶鼎洛是郁达夫派的浪漫作家,还是位画家。说他是画家并不错,因为叶曾经在杭州艺专学习,又先后在国内当过美术教师。1925年他出版了第一本短篇小说集《脱离》,此后相继出版有长篇小说《前梦》、《双影》、《乌鸦》、《未亡人》;短篇小说集《男友》、《白痴》、《他乡人语》、《红豆》等。《归家及其他》则是以他的短篇小说《归家》为首的多人合集,

---

① 叶鼎洛(1897-1958),江苏江阴人。自幼喜绘画,就学于上海美术学校。后转向文学,与赵景深等发起成立绿波社,协助郁达夫编辑《大众文艺》,20世纪40年代曾在西南联大担任美术教授,在大后方多次举办个人画展。著有短篇小说集《脱离》、《男友》、《白痴》、《他乡人语》,中长篇小说《前梦》、《双影》、《乌鸦》、《未亡人》等。20世纪50年代,以长篇力作《梨园子弟》被抄,在孤寂中病逝。

1929年11月由上海良友图书公司出版。

《归家》写于1927年的沈阳,叙述北方底层妓女的生活,由叶鼎洛自配了插图。叶是学油画的,他的线描基础不错,又喜好唯美派风格,只求形式,不重写实,这自然也有损于他绘画的主题。从《归家》插图中,人们很难看出妓女的命运和画家对妓女的同情。他还为郁达夫的小说《迷羊》作过插图,线条更加流利细腻,那正是他与达夫先生合作编辑《大众文艺》的时候。看来郁达夫很喜欢那幅插图,《迷羊》印过多次,都保留了叶的插图。

为叶鼎洛在中国现代文学史上的默默无闻而鸣不平者有唐弢先生,还有晚年长期生活在香港的老作家李辉英。李先生认为赵家璧战前主编的《中国新文学大系》中的小说卷一篇不收叶的小说"很费解",并猜想是否"小说三集"的编者郑伯奇对叶氏有什么成见,故意不选?更为遗憾的是1984年出版的《1927-1937中国新文学大系》续编中也没有补收叶鼎洛的作品。看来这一次不会出于成见,是真正的遗漏了。

作家画插图不必反对,因为有的作家确实学过画,或本来就能画,例如端木蕻良先生为萧红的小说《小城三月》作的插图便很传神;张爱玲的画笔亦简练而有情致。但,也不必就此提倡。因为作家中能画的终究极少,不可因为已有作家的名衔再妄求画家的虚名了。至于叶鼎洛的绘画水平究竟如何,因为我见的不多,实在也还得进一步研究。

（1998年3月）

《鸭的喜剧》插图

1979年春,丁聪兄赠我他作的《鲁迅小说插图》(1978年11月人民美术出版社出版),我以为这是迄今为止最优秀的鲁迅作品插图之一。看到《鸭的喜剧》,我倍感亲切,因为作者曾经赠我一幅小小的草图。这幅画比较完美地传达出鲁迅的原意和思想感情,真实地描绘出盲诗人爱罗先珂[①]住在八道弯时的生活氛围,刻画出诗人热爱生活,喜欢音乐,爱护小动物的心态。画家好像见过这一切。鲁迅以文字创造了一个富有童心的爱罗先珂的世界,丁聪却以画笔复活了实有的生活,好像鲁迅先生见了也会说:"不错,当时正是这个样子!"这种艺术境界妙不可言,可遇而不可求。

[①] 爱罗先珂(B·R·Ehroschenko,1889—1952),俄罗斯作家。4岁因病双目失明,先后就读于莫斯科盲人学校和伦敦皇家盲人学校。1914年赴日学习日语,1916年开始发表短篇小说和童话。1919年来到中国,在北京大学讲授俄国文学和世界语,1923年回国。著有《夜明前之歌》《最后的叹息》《为了人类》《虎笼》《绝望的心情》《泥潭旁》《某个孤独的灵魂的呻吟》《全世界都安宁的日子》《人》《下雨》等。

丁聪创作这些作品时，生活仍处于逆境中。他在美术馆只能抄写画展说明的小卡片。1957年以后，他被剥夺了作画和发表作品的权利。作画似乎犯罪，他不得不利用公余，在弃置不用的小卡片背后偷偷地画，这行动本身足以令人敬佩感叹。坎坷的命运并没有吓倒他，每幅草图都是他对生活的抗争，是他心血的结晶，也充满了对鲁迅先生的爱。1977年我向画家讨了《鸭的喜剧》草图，书中后来的成稿与草图几无差别，可见画家起草时的严肃态度。小画不小，我想让历史作证，画家的杰作是在如扑克牌大小的卡片背面完成的！这在绘画史上也是少有的前例，我们应该以拥有如此有骨气的画家而骄傲。

（1997年春）

《浮士德百卅图》

1947年11月上海群益出版社推出郭沫若[①]译的歌德[②]的《浮士德》全译本,因技术的原因舍弃了德国Franz Staffen画的插图。同年12月群益社又把插图单印成书,即《浮士德百卅图》。书成之际,上海形势险恶,画册编述者郭氏已由作家以群护送赴港。时逢历史大变革的紧要关头,画册未能引起读书界的反响,也是可以理解的。但,这并不说明它不具备版本价值,不值得人

[①] 郭沫若(1892-1978),文学家、学者。四川乐山人,1914年留学日本,回国后从事文艺运动。1918年开始新诗创作,出版诗集《女神》,并与郁达夫、成仿吾等组织"创造社"。1928年旅居日本,抗日战争爆发后回国,从事抗日救亡运动,历任《救亡日报》社社长、中华全国文艺界抗敌协会理事。1949年10月后,历任首届全国文联主席、中国科学院院长、中国科学技术大学校长等职。著有《屈原》、《虎符》、《蔡文姬》、《棠棣之花》、《甲申三百年祭》、《青铜时代》、《十批判书》、《奴隶制时代》等,有《沫若文集》。

[②] 歌德(Johann Wolfgan von Goethe,1749-1832),德国思想家、诗人、剧作家。早年在莱比锡大学学法律,后获斯特拉斯堡大学法学博士学位。代表作有剧本《铁手骑士葛兹·冯·伯利欣根》和书信体小说《少年维特之烦恼》,以及《浮士德》、《伊菲格尼》、《哀格蒙特》、《掘宝者》、《神与妓女》、《中德四季晨昏杂咏》、《维廉·麦斯特》等。

们珍视。

画册以大32开本书的形式出现，又比一般开本宽出一厘米，优点是可与《浮士德》译本合放在一起成为套书，亦可单独收藏。全书近300页，图前有郭氏的一篇《〈浮士德〉简论》，封面题签亦出自郭氏之手，更为每幅插图作了说明。说明文字精短，有的仅十余字，长者不过二三十字，这有利于突出图画。凡有画图那面又不标说明文字和页码，留出空间保持了画面的完美，说明则排在右面另页，正好是左图右文，方便了读者。插图的艺术风格正如我们常见的欧洲古典插图的线描，看上去像铜版蚀刻，可惜编述者没有介绍画家的情况及其插图的艺术特点。画是从书上翻印而来，当然不如从原作或复印美术品制作得清晰逼真，但出版者已在叫苦："本图之锌版及纸张费甚高！"在当时这绝不是一本可以畅销盈利的书，处在国民党的统治面临全面崩溃，经济生活一片混乱的局面下，能够出版这样的一部典雅的艺术画册已经很难得了。全国解放后，印制条件好了，我们又出版过几种外国古典的插图集？

《浮士德百卅图》共印1500册，其中平装报纸本800册，余皆次道林纸印，计平装500册，冲皮精装、布面精装各100册。所谓次道林纸，颜色不白，纸质粗糙，当年苏联时代出版社常用这种纸来印书，如《普希金文集》《高尔基研究年刊》等即是。

我收藏的《浮士德百卅图》是平装次道林纸本。当年《浮士德百卅图》运到天津，陈列在书店的橱窗里，极羡慕，却买不起，又加上兵荒马乱中，似乎也顾不上阅读和收藏这类古典。一直到70年代我出差到上海，才在福州路的上海书店买到此书。有趣的是我的这本书除了封底上有上海书店的定价印章外，还有"时代出版社上海分社特价书"的印章，足见新中国成立初期时代社还有不少书压在库里，不得不当"特价书"卖。怎能料到，昨天的"特价书"，今天成了绝版珍本！我又想到，何以由时代社出面来卖特价，莫非与本书用的次道林纸有关？因为这种纸正是该社专用的，据说产自苏联。

郭沫若没有讲到他编印《浮士德百卅图》是否受了鲁迅编印果戈理《死魂灵百图》的影响，但后人却一样地尊重和感激两位前辈的创举。他们都给后人留下珍贵的礼物，让我们一翻开书便想到他们的远见，以及埋首在一张张插图前的那种全神贯注的劳作精神。隔了近半个世纪，直到前两年才看到上海人民美术出版社出版了一本《神曲插图集》。

比亚兹莱与《莎乐美》

上个世纪末英国唯美主义画家比亚兹莱[①]的黑白插图,由于鲁迅先生的正式推荐而广为人知。1929年4月,鲁迅为朝花社编选"艺苑朝华"之一辑第四《比亚兹莱画选》写的"小引"里透露:因为国内翻印了比亚兹莱为王尔德的《莎乐美》作的插图,"还因为我们本国对时行艺术家的摘取,似乎连风韵也颇为一般所熟悉了。"这翻印《莎乐美》插图的是田汉;所指"摘取"者,当是叶灵凤、郭建英,甚至还有女作家凌叔华。

比亚兹莱与我国现代文坛可谓缘分菲浅。1925年,女作家陈学昭化名揭发凌叔华在《晨报副刊》发表的小说插画是抄袭比亚兹莱的,结果被对方人士疑为鲁迅所写,转而攻击鲁迅。害得鲁迅先生不得不在《革"首领"》杂文中说明了真相。

[①] 比亚兹莱(Aubrey Beardsley,1872-1898),英国画家。1892年绘制《亚瑟王之死》插图300余幅、标题的花饰等,曾任《黄面志》《萨伏伊》等名杂志美编,创作有《在山下》《理发师歌谣》等文学作品。他为《莉希翠塔》、蒲柏的《劫发记》、本·琼森的《沃尔普尼》等文学名著绘制了插图。

比亚兹莱为王尔德①的剧本《莎乐美》作插图是在 1894 年，当时他才 22 岁，是个鬼才。他以善用黑白对比和流利的线条而享有盛誉，画风追求怪诞和病态的性感美。但，鲁迅对比亚兹莱并无反感，只是不赞成叶灵凤等人的表面摹仿，甚至专取怪诞，又不讲究线条，把人物画得十分丑陋。鲁迅说："视为一个纯然的装饰艺术家，比亚兹莱是无匹的。"他介绍比亚兹莱的画既有揭发叶灵凤等人抄袭的目的，更重要的还是给中国的青年艺术家输送养料，借以发展我们的版画和插图艺术。

田汉翻译的王尔德《莎乐美》，作为"少年中国学会丛书"于 1923 年 1 月由中华书局出版。书中收有比亚兹莱的插图、封面、尾饰等共 16 幅之多。这比鲁迅介绍比亚兹莱早了六七年，而鲁迅所编的《比亚兹莱画选》共收作品 12 幅，《莎乐美》的插图仅占其中之一。因此多年来若想一睹《莎乐美》插图的全貌，还要靠 70 多年前田汉的这个译本。1927 年 8 月上海光华书局印有徐葆炎译的《莎乐美》，著者译名为淮尔特，插图 12 幅。1929 年 6 月，诗人邵洵美在上海金屋书店印了一本《琵亚词侣诗画集》，

---

① 王尔德（Oscar Wilde，1854—1900） 英国剧作家、诗人、小说家。生于都柏林。在都柏林的三一学院毕业后去牛津大学马格达伦学院深造。著有《快乐王子集》《道林·格雷的肖像》《温德梅尔夫人的扇子》《无足轻重的女人》《理想的丈夫》《认真的重要》《莎乐美》等。

60年代初我得于北京国子监内的中国书店。那是以文为主的小书,只有插图四幅,自然不能与田汉、鲁迅先生的选本相比。不过也显露了文界对比亚兹莱插图的重视。

《莎乐美》的初版本为大32开,灰色封面,是新文学早期版本中的精品。70年代初,我把它送给木刻家新波①了。黄先生说,当年他在广州文德路的地摊上买到过一本,"文革"中被抄走,下落不明。我现在手边的一本是1930年3月出版的第五版,封面改为杏黄色,插图墨色远不如初版本。但,今天亦稀见了。译者把比亚兹莱译为琵亚词侣,看来这古雅的译笔并非诗人邵洵美的创造,而是出于更加爱美和浪漫的田汉。

(1997年12月)

---

① 新波,即黄新波(1916-1980),原名黄裕祥,笔名"一工",广东台山人。1933年赴上海,参加中国左翼作家联盟、中国左翼美术家联盟,并与刘岘组织未名木刻社,在鲁迅先生指导下从事新兴木刻运动。1936年发起成立上海木刻工作者协会。先后出版木刻作品集《路碑》、《心曲》。作品风格受到美国著名版画家肯特(Rockwell Kent 1882-1971)影响。1950年以后,任至广东省文联副主席、广东画院院长等。1978年、1979年先后在深圳、北京举办个人木刻作品展。出版有《新波木刻选集》、《黄新波作品选集》、《新波版画集》、《春华散记》(香港版)等。

《琵亚词侣诗画集》

19世纪英国装饰画家比亚兹莱,因了鲁迅先生的介绍,早已经为中国的读者所熟悉。1929年4月,鲁迅编印的《艺苑朝华》第四辑就是《比亚兹莱画选》。鲁迅在《〈比亚兹莱画选〉小引》中对于这位只活了26岁的画家给以很高的评价——

生命虽然如此短促,却没有一个艺术家,作黑白画的艺术家,获得比他更为普遍的名誉;也没有一个艺术家影响现代艺术如他这样的广阔。比亚兹莱少时的生活底第一个影响是音乐,他真正的嗜好是文学。

30年代前后,作家叶灵凤受了比亚兹莱画风的影响,追随和模仿画家的线条,为自己的作品和创造社的书刊作了不少插图和封面。

就在鲁迅编印的《比亚兹莱画选》问世两个月后的1929年6月,上海金屋书店又出版了浩文译的《琵亚词侣诗画集》一册,扉页上写着:"献给一切爱诗爱画的朋友。"比亚兹莱的译名又化作琵亚词侣,这是有意追求一种典雅超俗的书斋趣味,是译者

的偏好。金屋书店是诗人邵洵美①创办的,"浩文"是诗人的笔名,应该说邵洵美也是爱慕比亚兹莱诗和画的一位作家。《琵亚词侣诗画集》是一本 64 开、袖珍型的小书,像金屋书店出版的其他书一样,印制得十分讲究。选用了重磅道林纸,毛边本,诗文本部加了套红的花框,堪称一件艺术品,邵洵美是一位热衷于书刊艺术的实践家。他办金屋书店,把资金全部投入对艺术的追求,舍得花钱,所以赔钱多,关门也快。这在中国现代出版史上也是一段趣话。对于邵洵美的思想评价是一回事,对于他在出版事业上的追求还是要记上一笔的。

《琵亚词侣诗画集》共收画家创作的诗两首,一是《三个音乐师》,一是《理发师》。据说画家还有一首译诗,他短促的一生就留下这三首诗。此外便是比亚兹莱的自画像和三幅插图,及邵洵美写的序。邵洵美说:"琵亚词侣的画在我国已有人提起过了,他的线条画是受了我们东方的影响的,但是当我们看了,竟觉得没一处不是他自己的创造。啊,这一个美丽的灵魂!"又

---

① 邵洵美(1906-1968),"新月派"诗人、散文家、出版家、翻译家。原名邵云龙,浙江余姚人。1922 年开始写诗,1923 年赴英国剑桥大学留学,早期诗既有创作,也有英国名诗节译改作。1927 年与徐志摩、胡适等在上海筹办新月书店,翌年出版《新月》月刊及《诗刊》、《论语》,后又开办时代图书公司。主要作品有诗集《天堂与五月》《一朵朵玫瑰》《诗二十五首》,散文诗《一个人的谈话》。译作有雪莱的《解放了的普罗密修斯》,盖斯凯尔夫人的《玛丽巴顿》,泰戈尔的《家庭与世界》、《四章书》及马克·吐温的《汤姆沙亚侦探案》等。

说:"他不到30岁便死了,但是即使是在病重的时候,他还是不息地工作着。他同时还向文学努力;写了一篇故事《山下》,西门氏曾说,要是他能多活几年,他在文学上的地位,也是第一等的了。情感的纯粹,文词的典丽,韵律的和谐,绝不是平常的作家所梦想得到的。"鲁迅先生说比亚兹莱的真正嗜好是文学,而邵洵美翻译和编印了这册精美的《琵亚词侣诗画集》,恰好是为鲁迅的话作出实证。他认为画家的画是讽刺的,文也是讽刺的,指斥他的人并没有真正了解画家。

在邵洵美主编的《金屋月刊》上刊有一则《琵亚词侣诗画集》的广告,可能出自编译者之手,今录如后——

> 英国黄面志的艺术编辑,黑白画的创造者,他的诗在我国从没有人提及。原因是他的诗集原本不易购得,恐怕我国还没有人读到过。兹由本店重价觅到一册,请浩文先生译出,再用上等纸精印,并附琵亚词侣自作插图多幅及自画像一张,价目低廉,只售大洋二角。我们是本着宝贵的东西,不应当独占的意思。爱画的爱诗的爱收藏的都得来买一本。

翻翻《琵亚词侣诗画集》,实在是一种艺术享受。我保存的这册小书完整如新,60年代初只花了三角钱便在旧书摊上捡得。现在回想起来如临梦境,甚至不忍回味了。

舒新城的摄影艺术

舒新城①,湖南溆浦人。作为出版家,他担任过中华书局编辑所的所长,主编过《辞海》;作为教育家,他著有《近代中国教育史》、《近代中国留学史》。他还爱写散文,出版过《蜀游心影》、《漫游日记》、《故乡》、《狂顾录》,以及与刘济群的通信集《十年书》。他同刘半农一样,作为一个学人和作家又热衷于摄影艺术,是中国摄影史上的一位先行者。他们迷恋摄影不是出于一时的爱好,从长期实践中还总结了经验和理论,刘半农著有《半农谈影》,舒新城著有《摄影初步》。

据舒氏介绍,他写《摄影初步》的起因与徐悲鸿有关。1928年,他与徐同在南京中央大学任教,彼此较接近。他常向徐请教

---

① 舒新城(1893-1960),教育家、出版家。1917年毕业于湖南高等师范本科英语部。1928年后主要从事出版工作,历任中华书局编辑所所长兼图书馆馆长、中华书局代总经理等职。曾创办《湖南教育》、《新中华》等刊物,主编《中华百科辞典》、《辞海》等大型辞书。著有《心原理实用教育学》、《教育通论》、《现代教育方法》、《近代中国教育史料》、《中国新教育概况》、《近代中国教育思想史》等。

绘事,徐常向他询问摄影,为了回答的问题而有此作。

我藏有1934年9月中华书局出版的舒氏艺术摄影集《晨曦》,方型大16开本,道林纸精印,共收风景与人物20幅。就作品的风格而言,他与刘半农有共通之处,即强调作品的意境,追求画面的模糊效果,如同绘画中的写意画,舍工笔,不求其笔笔清晰。为此,他还写过一篇《清与糊》。他觉得如果一张照片拍得秋毫可察,反而会让人感到零碎可厌。这也是初期摄影艺术流行的一种手法。这种不求画面绝对清晰的理论,早已被后来的实践所打破,恐怕与摄影器材的日益进步亦有关系,至少现在这两种艺术风格是可以并存的。

在人物摄影方面,舒新城也采取模糊的手法。有趣的是他早就注意到为作家写照,开作家肖像创作的先河。《晨曦》中一为《运思》,拍的是刘大杰;一为《俨然》,拍的是李劼人。我更喜欢后者。前者是在室内拍的,连标题在内都有点做作的痕迹;后者是在室外拍的,不求面部的清晰,注意人物整体的风度和气质,追求黑白对比的自然光影,标题也欲言又止,耐人寻味,生动传神。照片没有标明拍摄年代,大体拍于20年代中期,这当中还包含了两人友谊中的一段鲜为人知的故事。舒新城1924年冬在成都高师任教时,初识李劼人。两人同为少年中国学会会员,一见如故。1925年成都高师兴排舒的学潮,李为掩护舒,甘愿被捕坐牢,并在出狱后协助舒逃出了成都。后来舒在谈这段经历时说,自己在这次学潮中几乎丧命,而李劼人对朋友的热肠侠骨是他有生以来所未见的。

除了《晨曦》以外,舒新城还在中华书局出版了三册摄影集。一是《西湖百景》,铜版纸精装本,收照片120余幅,尽收20年代的西子风光,甚至有雷峰塔尚未倒掉时的留影。另两册是《习作集》和《美的西湖》,我访求多年而未遇。两本各收照片20张,《习作集》的取材有成都的山居、南京的深秋、雪后的西湖等。封面为丰子恺题绘,还有徐悲鸿[①]、丰子恺的序文。《美的西湖》则由徐悲鸿一手编定,从选片,写长序,到设计封面,全部包了下来。我之所以要寻觅它们,一览舒新城的摄影艺术固我所欲,而徐悲鸿、丰子恺先生所作的封面设计和序文亦吸引了我。何时能有此书缘?看来渺然无期。世上不能如愿的事还多,有梦难成的滋味最让人伤神。

(1995年3月)

[①] 徐悲鸿(1895-1953) 画家、美术教育家,中国现代美术事业的奠基者。江苏宜兴人。曾留学法国学西画,归国后长期从事美术教育,先后任教于中央大学艺术系、北平大学艺术学院和北平艺术专科学校,1949年后任中央美术学院院长。他擅长素描、油画、中国画,作品熔古今中外技法于一炉,把西方艺术手法融入中国画中,其素描和油画则渗入了中国画的笔墨韵味。代表作有油画《田横五百士》《徯我后》,中国画《九方皋》《愚公移山》等。他笔下的奔马,更是驰誉世界。

萧乾的题跋

1958年"大跃进",可谓一个狂热的年代。

正好头一年有人批评我年纪轻轻,何独喜欢30年代的文艺,于是我在忙于"大炼钢铁"中一时头脑发昏,赌气卖掉了一平板三轮车旧书,以应"厚今薄古"和"大破大立"的形势。现在当然后悔莫及,若是开出售去的书目,不仅会让人吃惊,怕要让我伤心落泪了。

新中国成立前我在读高中时所购的几本萧乾[①]的书却保存下来了。书用透明的有光纸保护得完整如新,只是内文的纸张已经有点泛黄,留下了岁月的印痕。当然,还有我所喜爱的作家,如鲁迅、巴金、叶圣陶、冰心、朱自清、萧红等人的书也不忍释手。

---

① 萧乾(1910—1999),记者、作家、翻译家。北京人。1935年毕业于燕京大学新闻系,1942至1944年赴英国剑桥大学学习。曾任《大公报》副刊《文艺》主编兼旅行记者,英国伦敦大学东方学院讲师兼《大公报》驻英国记者、特派员等。曾采访欧洲"第二次世界大战"战场、联合国成立大会、波茨坦会议、纽伦堡战犯审判。1949年10月后,历任《人民中国》英文版副总编辑,《译文》编辑部副主任,《文艺报》副总编辑等职。著有《篱下集》《梦之谷》,出版有《萧乾文集》《人生采访》,译有《好兵帅克》《培尔·金特》等。

我始终觉得萧乾的文字很美,读他的书不像隔着一层玻璃似的模糊,充满坦诚、恳切,有一种彼此直接交流的快感。我也没有想到,1956年我们竟坐在一间办公室里共事了一段时间。

十几年前,萧乾还住在天坛后门附近的时候,我提了一包他写的书,请他在我的藏本上签名留念。其中的《人生采访》《创作四试》,以及他编选的《英国版画集》,都是1947年到1948年在上海出版的。

这个年代对萧乾来说也是个大十字路口,一生中的一次严峻考验。尽管他那时思想深处仍有种种顾虑和矛盾,他还是从英国奔回祖国。他的行动不是盲目的,诚如他归来后编好《创作四试》时的自白:"从1936年由津来沪后,我是有意地往战斗这个方向走。"回顾历史,检验他的作品,他是问心无愧的。《创作四试》,1948年7月由上海文化生活出版社出版。这是一部小说选集,靳以主编的"水星丛书"之一。封面题字的是靳以,萧乾误记为钱君匋。我曾问过巴金,他确认是靳以写的。萧乾在我的藏书上题道:

> "试"者练笔之谓也。我本来是想先画小幅的素描,然后动手画大幅的。(《梦之谷》不算数。)二十几岁就有此抱负。如今,马上就七十了,在创作方法,依旧就是这么几幅素描,真够寒碜的了。然而小幅的也罢,大

幅的也罢,在我辞别人间之前,仍希望再画上几幅,以不辜负(朋友)对我的鼓励和期待。

萧乾

1978年岁末

多年来他的工作效率如跑快车,是作家中真正的劳动模范。请听他近年常说的:"我总想趁着还有口气儿,再写点什么。"他实践了自己的诺言。

萧乾热爱音乐,也喜欢美术,却自称是个连圈也画不圆的人,谁能想到他在1947年却编选了一册百余幅作品的《英国版画集》,由上海晨光公司出版。我藏的是烫银精装本,用萧乾的话说,其印制水平与战前的出版物相比亦无逊色。

身在海外的萧乾,不时想把有益于国内的好东西介绍给同胞。他编这部版画集,一心要为中国艺术家介绍一种与国内木刻不同的纤细风格,兼及题材的多样。借此,他还想引起出版家关心书籍插图,认为若在国外,鲁迅笔下的阿Q至少应该有十几位画家来做插图了。《儒林外史》《官场现形记》也应该有插图。

但是,《英国版画集》的出版,并没有引起美术界足够的重视,一方面印数过少,仅几百册;另一方面也因为在那个大动荡的年代,中国的艺术家们更热衷于粗线条的传单似的木刻制作,

顾不上纤细风格和艺术题材。萧乾似乎亦有鉴于此,他很坦率地在"代序"中提到了战斗与艺术的关系,其实这与他当时在文学创作上的主张是一致的,他不赞成那些不能渗透到生活中去,言不由衷地为"战斗性"而表面化地去反映生活的作品。版画创作既应强调现实战斗性,也不应放弃抒情和精细的风格。

《英国版画集》出版之际,他在私生活中正遇到一件不幸的事:"1947年11月,一个歹人轻而易举地就破坏了我这个风雨飘摇的家。"(见《未带地图的旅人——萧乾回忆录》)而他在这本画集的扉页上,还留下对那个歹人的感激之词。这对他自然是个不小的打击,也造成他极大的不愉快。他在我的藏书上题道:

> 看到《战地》发了韩羽的《聊斋》插图,十分兴奋。47年我编这本版画集,一个企图是提倡一下题材的多样化,版画材料的多样化(不是只刻木头,也可以刻石头、胶版等),另一企图即是通过序言,呼吁画家们把古今书籍的插图重视起来。不但《三言二拍》、明清杂剧可以插,连《本草纲目》、《徐霞客游记》也大可一插。自然,"五四"以来的近代名著更应插,而且不限是一位画家插。此外,难道不可以请一些肖像画名手为茅盾、叶圣陶、巴金这些文艺界老人画画像,由《人民文学》

先刊用，由国家绘画馆来永久收藏吗！这些统统属于作协与美协可以携手来办的大事。德明同志，你站在党报的重要文艺岗位上，希望你大力提倡一下。

萧乾

1978年12月18日

《英国版画集》的出版，堪称在绘画艺术中的一次"洋为中用"的实践，特别是在本书问世前后，连英国本身也没有出版过集三四十家作品于一册的版画选集。这不仅是我国出版史上的成绩，从中英两国文化交流史的角度来看，也是意义不同寻常的。

萧乾是一位热心的副刊编辑，30年后他仍关心书籍插图艺术。尽管他已经离开心爱的职业多年，他没有忘情于此，又鼓动我热心这件工作。他是一位理想的副刊顾问。你若向他求点子，他会帮助你策划这，策划那，绝不会落空。

（1995年12月）

仓夷的《幸福》

对于大多数读者来说,仓夷①烈士是一个陌生的名字。

《幸福》是仓夷唯一的一本集子,书薄薄的,封面上印着一只展翅高翔的海鸥。一看到这白色的海鸥,不免引起人们的遐想,也许书籍装帧家就是把仓夷化作一只勇敢的海鸥,正矫健地飞翔,把幸福的消息传递人间。

仓夷是位新加坡华侨,1938年他16岁时回到祖国,奔向吕梁山参加了革命,后来在《晋察冀日报》做记者。他一直没有脱离人民斗争,在斗争中锻炼了自己。《幸福》这本书是他从七年记者生涯中写的通讯报道中选编而成。作者编好这本书正是抗战胜利后他在北平军事调处执行部工作的时期,原拟在北平出版。在序里他就提到这本书是"献给对晋察冀生疏,然而又时刻神往的读者们"。但是,这样一本反映人民真实生活和斗争的

---

① 仓夷(1921-1946),记者、报告文学家。本名郑贻进,福建福清人,生于新加坡。1937年回国后参加敌后抗日活动。1941年任《晋察冀日报》和新华社晋察冀分社记者。创作有《平原青纱帐战斗》《平原地道战》《幸福》《婚礼》《反扫荡》《纪念连》等。

书,在国民党反动派统治下的北平很难出版。到了1948年11月,才由哈尔滨东北书店印行出版,然而仓夷烈士已经不能亲见了,因为他于1946年8月8日从张家口赴北平途中,在大同被国民党反动派秘密杀害了。

打开这本《幸福》,一组反映晋察冀边区人民自由幸福生活的散文便呈现在眼前:《婚礼》写阜平翻身青年农民的婚姻自由,《劳动美化了大地》写胭脂河两岸麦收时的动人场景;《诗》描绘了解放区一个普通工人的品质和他们对文艺的爱好,《冬学》写了人民翻身后精神面貌的变化……仓夷的文章写得朴实无华,像带着朝露的花枝,散发着阵阵馨香。作者不仅写了人民的幸福生活,也写下了残酷的斗争,例如写于曲阳的那一组《反扫荡片断》,就反映了边区人民惊心动魄的对敌斗争的场景,反映了边区人民的英勇和成长。不论写什么,恰像周扬同志所评价的:"作品正如作者一样年轻活泼,充满清新朝气,给予人一种衷心的喜悦。"

1950年5月,《幸福》又由上海新华书店刊行一版,书前附有周扬同志于作者牺牲一周年时所写的《前记》。

东北书店初版的《幸福》扉页上,印有作者摘引的"贝多芬遗嘱"尾语:"我是值得你们思念的,因为我在世时常常思念你们,想使你们幸福。但愿你们幸福!"今天重读此书,仓夷的这种热烈的感情还十分强烈地感染着我们。我们会永远记得这位曾经献身人民事业和讴歌人民幸福的海鸥!

（1962年）

《为书籍的一生》

1963年7月,我从三联书店购得一本很有趣的书,至今一直珍藏着,它崭新得如同刚从书店里买回来一样。书的装帧设计一扫当时的流行公式,封面封底全部乌黑,字体翻白,只有书名的头一个字用红。书的内容稍后便有点犯忌,因为这是为沙皇时代的大出版家绥青[①]树碑立传的。以过去的观点而论,此书从选题到装帧都富挑战性,所以书店默默地出版,读者悄悄地购买,30多年了,我几乎没有看到过任何有关它的介绍和书评。这就是绥青写的回忆录《为书籍的一生》,叶冬心[②]译。

---

① 绥青(И.Д.Сытин,1851-1934),俄国出版家。1876年在莫斯科开办印刷所,1884年开始为媒介出版社印刷图书。19世纪60年代中期该出版社发展成名为"印刷、出版与图书贸易公司"的大型企业,是当时俄国最大的出版社。90年代印刷出版了教科书、青少年科普读物,其中有《自学文库》《人民科学与实用知识百科》等丛书。

② 叶冬心(1914-2008),编辑、翻译家。安徽桐城人,原名"叶群"。1938年毕业于上海圣约翰大学英国文学系。历任上海《西风》杂志、《申报·自由谈》、上海《侨声报·南风》副刊等编辑。主要译著有《汽车在大路上行进》《水泥》《童年的故事》《自由人》《荒乱年代》《卓别林自传》《白衣女人》《乡村》《马克·吐温幽默小品选》等。

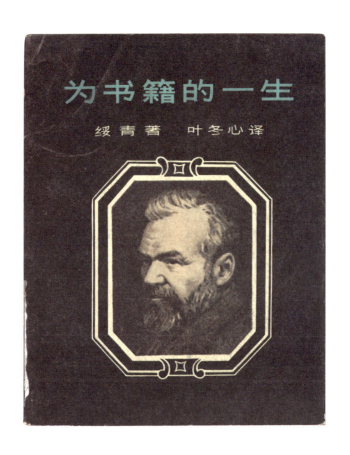

叶先生根据苏联国家政治书籍出版社1960年的初版本节译。据介绍早在1922年,作者就把书稿交给苏联出版局了,一压就是三十几年,后来连原稿也下落不明,尽管当时很多作家支持出版也没用,如写长篇小说《夏伯阳》的富曼诺夫便称赞:"太有趣啦,哪怕是用来写一部小说都行。"后来多亏家属发现了底稿,使这部书才不至失传。

绥青14岁起就在莫斯科尼古拉市场的一家书铺里当学徒,从印通俗的木刻图画小书开始,他一步步地熟悉了出版业务和图书市场。青年时代即受到列夫·托尔斯泰的影响,一心要为平民出版定价便宜的好书。他脚踏实地地这么去做了,从而使他走上了成功之路。我读完此书,留给我印象最深的也正是这一点。

到"十月革命"前夕,他的事业已经发展到一个高峰,1914年绥青出版公司已占全俄罗斯出版物的25%。即使在这时,他也没有放弃出版便宜的书,坚持把俄罗斯的优秀文化,以及优秀作家的文艺作品推向平民读者。他把普希金、果戈理、托尔斯泰、契诃夫等作家的作品集,一本本有计划地向人民普及。他是书商,又是一个推广民族文化的使者,一个有远见有修养的文化商人。他从不为了赚钱而出坏书。托尔斯泰逝世后,他办的公司在出版托翁的全集上发生了意见分歧,有人只想出版50卢布一套的彩色插图本,而绥青坚持除了这个彩色插图本外,还要出版10卢布一套的全集。结果呢,出版这种便宜本,诚如他讲的,"一点也没有赚钱。我们的收入仅仅抵了开销。"他之所以要这么干,用他的话来说,不能光图赚钱,还要顾及一个出版工作者在良心上的责任,因为"我们都受到了列夫·尼古拉耶维奇无限的好处"。高尔基评价他:"我认为绥青是非常之人,我极其敬重他。"

绥青的成功还有什么秘诀吗?有的。他认为,要出书就出丛书。他的经验是,即使再优秀的图书,如果不纳入系列而孤孤零零地出版,也不会引起人们的注意,一定被淹没在茫茫的书海里。他在俄罗斯最早推出了《平民百科全书》、《儿童百科全书》、《军事百科全书》以及《俄国历史图解》等等。

这不由得让我联想到30年代的鲁迅、巴金先生,他们在印书时,不也是以出版丛书和定价便宜为己任吗?

"为书籍的一生"是神圣而又光荣的!

书籍装帧的艺术魅力[1]

我国古籍版本历来考究刻本的工艺水平,除了要求文字校勘精确无误外,还讲究雕工精雅、版式疏朗、纸墨晶莹,视一本线装书为一件完整的工艺品。一部精刻在手,可以让人赏心悦目,爱不释手。如有版画插图,更可欣赏刻工的雕版技艺。新文学版本的印制条件变了,不再讲什么刻工优劣,却开辟了书籍装帧形式的另一片新天地,展现出书籍版本先前不曾有过的别样魅力。这是随同现代造纸技术和现代印刷技术的进步同时而来的。铅印本的平装书,同样要讲究纸张的精良、铅字的美化、排版的疏朗、墨迹和插图的清晰,以及装订的结实和封面装饰的精美。一书在手,也应该是一件完整的艺术品。

考察一下清末民初的铅印本书籍和刊物,其外在形式尽管受到日本书刊的某些影响,但当时涉足封面装帧艺术工作的新美术工作者还很少,大部分仍由旧式画家以美女肖像、文房四

---

[1] 本文选自《书叶丛话:姜德明书话集》,该书由北京图书馆出版社2004年10月出版。

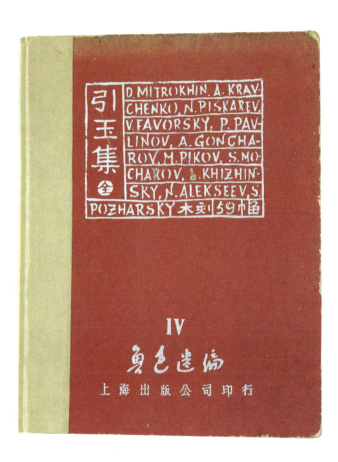

宝、花卉鸟兽、香炉如意、火车轮船等古板的图案来装饰书的封面和封底。有的书甚至照搬西洋人物来绘制封面。这是我国近代书籍装帧艺术史上不可避免的幼稚阶段，后来一直沿袭到民国期间鸳鸯蝴蝶派的出版物，多年来就保持着这种流风遗韵。

到了"五四"前后，随着新文化运动的蓬勃发展，新文学版本的装帧艺术才走上一条崭新的道路，吸引了很多新美术工作者来参加书籍装帧工作，形成一种新局面。事实证明，这同鲁迅先生的重视和提倡分不开。

鲁迅先生在为自己和他人设计书刊封面时，总是照顾到书刊的内容和特性，选用不同性质的图案来作装饰，同时也不会忘记强调民族风格和现代气息。晚年他出版的杂文集更吝用色彩，在质朴素白的封面上，手书书名和签名，或只有一方鲜红的名章，非常传统，又非常清新，给人一种强烈的美感，带有创新的意义。鲁迅先生对我国现代书籍版本艺术的建立和发展，起到启蒙和推动的作用。当年，在他的周围曾经团结了一批热爱书籍装帧艺术的青年美术家，如陶元庆、司徒乔、孙福熙、王青士、钱君匋等。后来在日本和西方留学归来的美术家，如丰子恺、徐悲鸿、林风眠、庞薰琹、倪贻德、关良、陈之佛等，也都参与过书籍装帧工作，丰富了新文学版本的美化工程。

到了上个世纪30年代和40年代，又出现了张光宇、叶浅予、黄苗子、丁聪、廖冰兄、余所亚、曹辛之、章西厓、池宁等，更使得新文学版本装帧呈现出流派纷呈，多姿多彩的特色。有人说一见到30年代的新文学版本，立刻会感受到一种社会氛围和浓郁的书卷气。也有人说，30年代新文学版本的装帧设计，隐约地带有一点日本艺术风味，我想这与当时日本的印刷技术先进，许多书刊流传到我国便利有关，我们的画家在画风上可能受到了某些影响。为了追求版本制作得更加精良，鲁迅先生晚年把所编的苏联版画《引玉集》和瞿秋白的《海上述林》等，专门送到日本去印制。受了鲁迅先生的影响，当时木刻家刘岘的木刻插图集《怒吼吧中国》《罪与罚》等，也都是在日本印制的。出版家赵家璧先生也跟我说过，他当年在良友图书公司出版《中国新文学大系》《良友文学丛书》，以及在书籍开本、装帧、封套广告、宣传等方面，也受到日本出版物的某些启发。连"大系"的名称也引自日本。

　　我国新文学版本装帧艺术的建设，与我国文人办出版社的传统也有着密切关系。巴金先生参加并主持过上海文化生活出版社的编辑工作，他设计和筹划了许多书的封面装帧。他所主编的"文学丛刊"，即靠素白的底色，衬出秀丽的仿宋体铅字，以大小不同的铅字排列变化，组合成隽雅的封面，只是书名铅字的颜色稍有变换而已。作家丽尼、陆蠡、吴朗西也参加了文化生活出版社另外几种丛书的设计,他们共同确立了文化生活出版社出版物的总体风格。

当年历史比较悠久的商务印书馆和中华书局等都有专门的书刊设计人员,一般说他们的出版物装帧设计偏于严肃规整,比较呆滞保守。偶请外面的美术工作者来设计封面,才有明显的变化,如丰子恺先生给商务印书馆设计的若干种新文学版本便有新意。生活书店由郑川谷、莫志恒等先生设计本店图书,朴素淡雅,清新脱俗。开明书店则由钱君匋先生负责书籍装帧工作,善用图案,富有创意,追求精美,独具风格。叶圣陶先生又常以楷书和篆字题写书名,借鉴了传统的线装书风格。有时甚至完全借用线装书的形式来出版新文学作品,如俞平伯先生的散文集《燕知草》,以及北京朴社印的诗集《忆》,即用宣纸印,丝线装订。

作家中常做封面设计的,还有闻一多、艾青、胡风、卞之琳、萧红、叶灵凤、邵洵美等人,他们主要为自己的作品设计封面,也为别人的版本做装饰,如闻一多为新月书店、叶灵凤为创造社出版部、邵洵美为时代图书公司就设计过多种封面。他们当中不少人是学过美术的,有的仅出于爱好,设计水平也不下于专业的水平。胡风先生为"七月文丛"、"七月诗丛"设计的封面,喜欢选用相关的外国美术作品做装饰,卞之琳先生则依靠铅字的组合变化来设计封面,并自称是受了法兰西派的装帧风格影响。总之,文人参加新文学版本的设计,是我国现代书籍装帧艺术史上的一大特色,形成新文学版本浓郁的文学气息和丰富多样的色彩。有的时候读者欣赏和购买一本书,不全是因为书的内容,而是为了版本形式的优美而动心。

《书衣百影》序[①]

随着近代印刷术传入我国,到光绪末年,石印、铅印技术已很流行,书籍装帧开始打破了传统的古籍形式,即木刻线装的唯一形式。但发展速度是缓慢的。光绪二十三年(1897),上海商务印书馆的成立标志着书籍出版技术开创了新的局面,然而它初期的出版物仍没有脱离线装的古书形式,只在书衣上舍去书名签条,改排铅字,或用书法题写书名而已。到20世纪初,有些书的封面才开始装饰花边和框线,封面纸变换了不同的颜色,并有人尝试绘制彩色图画装饰书衣,为现代书籍装帧艺术的建立准备了条件。总的说,在"五四"新文化运动以前,我国现代书籍装帧艺术,并没有随着印刷技术的进步而形成一种新的格局。

我见到的清末书刊不多,从我收藏的清末出版的我国最早翻译的一部长篇小说《昕夕闲谈》起,到林纾译的《巴黎茶花女遗事》《黑奴吁天录》等,都还是线装书的形式。为了编辑这本

---

① 本文系姜德明编著《书衣百影:中国现代书籍装帧选 1906—1949》序言,由北京三联书店1999年12月出版。

画册,以见现代书籍装帧的发展源流,我选了清光绪三十二年(1906)和宣统元年(1909)出版的两种文艺书作为参考。

"五四"前后的出版物,书籍装帧艺术与新文化革命同步进入一个历史的新纪元。它打破一切陈规陋习。从技术到艺术形式都用来为新文化的内容服务,具有现代的革新意义。凡是世界文化中先进的东西,我们的装帧设计家都想一试。而且随着先进文化的传播,新兴的书籍装帧艺术也受到整个社会的广泛承认。从"五四"到"七七"事变以前这段时间,可以说是我国现代书籍装帧艺术史上百花齐放、人才辈出的时期。这就不能不提到鲁迅先生所起的先锋作用。他不仅亲身实践,一共设计了数十种书刊封面,还引导了一批青年画家大胆创作,并在理论方面有所建设。

鲁迅先生对封面设计,从一开始就不排斥外来影响,更不反对继承民族传统。他非常尊重画家的个人创造和个人风格,团结在他身边的青年装帧家就有陶元庆、司徒乔、王青士、钱君匋、孙福熙等人。在封面设计中,鲁迅不赞成图解式的创作方法,他请陶元庆设计《坟》的封面时说:"我的意见是只要和《坟》的意义绝无关系的装饰就好。"另外他在一封信中又说:"璇卿兄如作书面,不妨毫不切题,自行挥洒也。"强调书籍装帧是一门独立的绘画艺术,承认它的装饰作用,不必勉强配合书籍的内容,这正是我们多年来所忽略的地方。此外,他反对书版格式排得过满过挤,不留一点空间,而这点也正是我们的毛病。长时期来,我们片面强调节约纸张,不把书籍作为艺术品看待。

在鲁迅先生的影响和直接关怀下,这段时间既是书籍装帧艺术的开拓期、繁荣期,也是巩固了装帧艺术地位,并培育了一批创作队伍的重要时期。

处在新文学革命的开放时代,当时的设计家们博收众长,百无禁忌,什么好东西都想拿来一用。丰子恺先生以漫画制作封面堪称首创,而且坚持到底,影响深远。陈之佛先生从给《东方杂志》、《小说月报》、《文学》设计封面起,到为天马书店作装帧,坚持采用近代几何图案和古典工艺,形成了独特的艺术风格。钱君匋先生认为,书籍装帧的现代化是不可避免的。他个人便运用过各种主义、各种流派的创作方法。但他始终没有忘记装帧设计中的民族化方向。

除了画家们的努力以外,这一时期作家们直接参与书刊设计也是一大特色。这可能与"五四"时期形成的文人办出版社的传统密不可分。鲁迅、闻一多、叶灵凤、倪贻德、沈从文、胡风、巴金、艾青、卞之琳、萧红等都设计过封面。他们当中有人还学过美术,设计风格从总体上说都不脱书卷气。这与他们深厚的文化修养很有关系。

利用我国传统书法装帧书衣,恐怕也是我国独有的另一特色。鲁迅、胡适、蔡元培、钱玄同、刘半农、叶圣陶、郭沫若、周作人、魏建功、郑振铎等都不止一次地以书法装饰书衣。一颗红色名章更使书面活了起来。相信这种形式今后还会运用下去。

抗日战争爆发以后,随着战时形势的变化,全国形成国统区、沦陷区、解放区三大地域。条件各有不同,印刷条件却都比较困难,最艰苦的当然是被国民党和日伪严密封锁的解放区。解放区的出版物,有的甚至一本书由几种杂色纸印成,成为出版史上的一个奇观。国统区的大西南也只能以土纸印书,没有条件以铜版、锌版来印制封面,画家只好自绘,木刻,或由刻字工人刻成木版上机印刷。印出来的书衣倒有原拓套色木刻的效果,形成一种朴素的原始美。相对来说,沦陷区的条件稍好,但自太平洋战争到日本投降前夕,物资奇缺,上海、北京印书也只能用土纸,白报纸成为稀见的奢侈品。

抗日战争时期丰子恺、钱君匋先生仍有作品发表,成绩最突出的是张光宇、丁聪、廖冰兄、余所亚、特伟等人。何以漫画家参加书籍装帧者为多,这是一个有待研究的有趣话题。黄苗子、郁风、新波、梁永泰等也制作了一些书衣。天津有位漫画家朋弟,为京津通俗小说作过不少封面,较少俗气。如他为《灵飞集》中的赛金花写照,几与新文学书刊的品格无异。可见当时的通俗画家已有意摆脱鸳鸯蝴蝶派的老套。

从抗战胜利到新中国建立以前是书籍装帧艺术的又一个收获期。以钱君匋、丁聪、曹辛之等人的成就最为明显。老画家庞薰琹、张光宇、叶浅予、章西厓、池宁、黄永玉等也有创作。丁聪的装饰画以人物见长,而钱君匋已很少画人物,曹辛之则以隽逸典雅的抒情风格吸引了读者。

在解放区,画家古元、张仃、江丰、秦兆阳、钟灵等人也设计过封面,但由于物质条件所限,很难展现丰富的成果。直到建立了东北解放区,进入大城市以后,解放区的印书条件才有所好转。总之,这期间的装帧风格仍继承了"五四"传统,保持了风格多样,流派纷呈的局面。整体风格趋向于民族色彩,现实手法。

新中国成立以后的书籍装帧艺术进入一个崭新的历史阶段,受到社会变革的巨大影响。当时的出版物不可能不反映出时代的特色。这个变化是非同小可的,画家们有弃旧图新,追赶时代的要求。有人成功了,出现新的飞跃;有人失败了,失去昔日的光彩。但这不是本集议论的话题,也不是本集负担的任务。这里略收新中国成立前夕比较成功的作品一二,或已透露出变化的端倪,革新的萌芽。

本集基本上以时序发展为排列次序,主要反映从1919-1949年30年间书籍装帧的发展脉络。我没有资格研究美术或书籍装帧艺术史,至多是个旧书摊上的常客,一个普通的爱书人而已。说的无非是一些平常的见识,可能还有外行话,再加上所见有限,全凭个人的藏书来编这本画集,实在过于唐突了。但是,不如此又往何处去寻觅这些绝版多年的版本?图书馆不借阅,不准拍摄,即使可以拍摄,我也出不起资料费。何况书被"保护"得早已不见庐山真面目,或被牛皮纸包装得严严实实的,或在书衣上盖上馆藏大印,面目全非了。因此,遗珠之憾肯定会有,没有提到某些先行者和有功之臣亦在所难免,希望大家谅解,并不吝赐正。

(1997年10月)

《书衣百影续编》小引[①]

拙著《书衣百影》问世后,承读者不弃,很快竟能再版,我是非常高兴的。当时决定编著此书,实有鉴于当前的出版物崇尚浮华雕饰,或一味效颦海外,置我"五四"以来的优秀书籍装帧艺术于不闻不顾,我很想振臂一呼。想到自己人微言轻,空口无凭,还是以实物来说话最有力,遂倾个人有限的所藏,借以显示其永不消逝的魅力。

不想出书之后,识与不识的朋友们广为推许,连海外的报刊也有转载者。不少人还反映所收作品仍嫌过少,为何不多选一些。我想解释:"君不见百影之外,我在'附录'中已'奉送'小幅23帧?若再加篇幅,书价岂不更高?"也有人开导我:"这书价不够听半场歌星演唱的呢?"其间又传来信息,谁谁想仿效,某某已编就云云。我想我的宿愿已经达到,能够引起公众的注

[①] 本文系姜德明编著《书衣百影续编:中国现代书籍装帧选1901—1949》引言,由北京三联书店2001年7月出版。

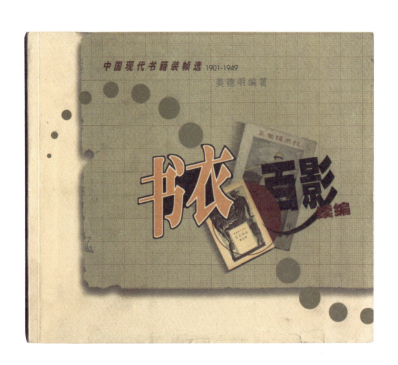

意正合我心。不久有出版界人士来访，建议我再编一本书影。我想若能成功，还是交给"三联"为妥。这也就是《书衣百影续编》的由来了。

  这次编书仍以我个人的藏书为限，不强调史的钩沉，偏重版本的价值和装帧艺术特色。当然，按时间先后排列次序还是必要的，恐怕也难避免个人的趣味和偏爱，总想着能把读者引进返璞归真、回归天然的艺术境界就好。我有意多选了几幅鲁迅的书和他设计的书衣，还有巴金、胡风的装帧设计，他们的设计风格突出，很有代表性。丰子恺、钱君匋、丁聪的作品稍多乃意中事，但也没有忘记司徒乔、曹辛之、余所亚、廖冰兄的创作，可惜如张光宇设计的《玮德诗文集》，我的藏本书品欠佳，倘若再去寻访书品较好者又谈何容易。世上的事若想做到十全十美、全无遗憾简直是不可能的。我理应见好就收才是。

  再次感谢读者的支持，以及出版家的合作。

（2001年春）

《插图拾翠》前言[1]

我们早就应该有一部《中国书籍插图艺术史》了,可惜至今无音讯。我相信这个梦总会有人来圆的。在我长期接触的"五四"新文学版本中,倒也有一些精美的插图。但,与我们新文学的实绩相比实在太不相称了。这种轻视书籍插图的流风,一直延续到今天,究竟是谁的过失,当然可以研究;我却深感现有的这部分资料,若不及时加以抢救和利用,亦行将湮灭无闻矣。因不嫌冒昧地收拾丛残,编成这本《插图拾翠·中国现代文学插图选》。还是那句话,我只愿做点别人尚未顾及的琐事。一旦他人有成,我便退下,恭请高手出场。

我国书籍插图艺术是有悠久历史传统的。一部中国版画史,实际与书籍插图艺术史也分不开。流传抄本书的古代,插图也都是手绘的,而古书开始用木刻印制插图,可以追溯到唐代的佛

---

[1] 本文系姜德明编著《插图拾翠:中国现代文学插图选》前言,该书由北京三联书店2000年6月出版。

经。郑振铎先生一生醉心搜访历代版画,实际就是广收古书的插图本。清末传来石印铅印技术,这才逐渐改变了书籍装帧的形式,同时也改变了只靠木刻插图的格局。不过印刷手段变了,那时的插图仍不脱白描的"全图""绣像"的传统,形式比较单一。直到"五四"以后新文学的诞生,书籍插图艺术才解除了束缚。画家们学习西洋画法,开始用素描、速写、水彩、油画、漫画、图案等来做插图和装饰,形成丰富多彩的崭新气象。但,白描和木刻仍为画家所采用,也适应了广大读者的欣赏习惯。特别是在20世纪30、40年代,由于特殊的历史环境和战争的影响,在以延安为代表的解放区,以重庆、桂林为代表的国统区都因报纸奇缺,只好以手工制土纸来印书,插图也只能以手工木刻上版。无疑地在印刷技术上这是一种倒退,却意外地造成这段时间的插图艺术在继承传统、保持民族化和接近民间大众方面留下了深刻的痕迹。这种状况在解放区的插图作品中表现得更加突出,有的作品简朴夸张得犹如民间纸牌和木版年画。这一特殊的创作经历在世界插图艺术史上也是罕见的。

正如中国现代木刻艺术、书籍封面装帧艺术都得到了鲁迅先生的倡导和扶持一样,插图艺术也受到鲁迅的关切。1935年他在致孟十还的信中说:"欢迎插图是一向如此的,记得19世纪末,绘图的《聊斋志异》出版,许多人都买来看,非常高兴的。

而且有些孩子，还因为图画，才去看文章，所以我以为插图不但有趣，且亦有益；不过出版家因为成本贵，不大赞成，所以近来很少插图本。《历史演义》（会文堂出版的）颇注意于此，帮他销路不少，然而我们的'新文学'家不留心。"鲁迅的意见和感慨至今对我们仍有启发。他编印和拟印的外国文学名著插图，如《铁流》《士敏土》《城与年》《你的姊妹》《死魂灵》《安娜·卡列尼娜》等，既有传播进步思想的目的，也有借鉴外国插图艺术的意义。鲁迅印马克·吐温的小说《夏娃日记》插图的故事是意味深长的。1931年，他家的保姆带海婴到隔壁刚搬走的外国人家去玩，从弃物中拾来这本小书，其中莱勒孚作的55幅白描插图一下子吸引了他，立刻托人译出并作序，把全部插图介绍给中国读者。又如本书所收新波为《丰收》作的插图，刘岘为《罪与罚》《怒吼吧中国》所作的插图，事先都曾经得到鲁迅的指点。现代作家中田汉介绍过比亚兹莱的《莎乐美》全套插图；巴金编印过《西班牙的血》等三册插图；郭沫若编印过《浮士德百卅图》，这都是值得后人感谢和铭记的。

鲁迅先生又说过："书籍的插图，原意是在装饰书籍，增加读者的兴趣的，但那力量能补文学之不足。"优秀的插图并不是原作的图解，它应该具有独立绘画的品位，可以给人带来欣赏的魅力和丰富的联想。当然，拙劣平庸的文学插图，也可以破坏读者原有的美好想象,甚至会歪曲原作的精神,所以插图艺术绝不是什么次等艺术,也不是任何一个画家举手可得的。1931年,丰子恺为叶圣陶的童话《古代英雄的石像》配插图,他说读了叶先生的原作极有兴味,提笔后觉得"描画依然是为文章的内容作图解!非但无补于文章,反把文章中变化活跃的情景用具象的形状来固定了"。这道理并非全部出于丰先生的谦虚和客套。插图画家不仅要有绘画才能,也要有高度的文学修养、深厚的生活基础,只有如此才能丰富原作的意境,体现原作的完美。为了略见新文学插图是从清末石印插图演化而来,书中收入吴友如和佚名作者的插图两幅。吴友如是一位杰出的风俗画家,可惜为商业习气所害。另一佚名作者亦《点石斋画报》派画家。

书中以时间为序收入从"五四"以后,至新中国成立前夕为止的作品百余幅,其中以30年代的插图作品最多。这一方面反映了当时文学创作的实际,一方面也反映了画家们在"五四"新潮的影响下,思想的解放和艺术上的成熟。他们敢于吸收外国艺术流派,并加以融合改造,运用到自己的创作中去。我还注意到本书所收刘呐鸥、穆时英、杜衡、禾金等人的都市小说,即现代派或新感觉派与心理分析小说,而梁白波、张光宇、陆志庠等所配的插图亦用了象征派、抽象派的现代主义表现手法,应和了原作的艺术风格。这些插图装饰味浓,描绘对象变得有点图案化了。画家们的这种尝试并不是无益的。这些画家也生活在大都市里，他们对知识分子和市民生活是熟悉的，描绘城市风光得心应手，能够生动地传达出一定的社会氛围和人物的心态。而解放区插图作品中的人物和风俗则大异，这是生活所决定的。解放区插图艺术的流行，当然与提倡群众文化和大众文化也有关。这种差异是时代和环境所造成，呈现出流派纷呈的局面。

作家自己来绘制插图也很有特色，但不必提倡，因为能画的作家究竟有限。端木蕻良为萧红的《小城三月》作的插图，人物极传神。叶鼎洛为郁达夫的小说《迷羊》作过插图，作家还为自己的小说《归家》作插图，似乎都不是胡来。张爱玲为自己的散文集《流言》作的几幅插图就很有情味。其他如叶灵凤、马国亮一向喜作插图，更非出于卖弄。至少说明他们都重视书籍插图，热爱插图艺术。30年代也是鸳鸯蝴蝶派文学流行的时代，但插图粗制滥造者居多。我接触这方面的书籍极少，只选收了张恨水一部小说的插图两幅，堪称这类作品中的上乘之作。通俗小说的插图也是一朵花，同样不容忽视。又如陈师曾在民国初年为苏曼殊的小说《断鸿零雁记》作过插图，登在《太平洋报》上，我却无力去搜访此书。这实在是一件遗憾的事。

还是那句话，仅靠个人收藏的资料来编书，总会有遗珠之憾。但，从这百余幅作品中亦能看出前人的成就和劳绩。编书

过程中,承书友提供《子夜》(刘岘)、《阿Q正传》(叶浅予)、《骆驼祥子》(鲁少飞)插图,特致谢意。这也证明了我不是一个够格的收藏家,只是一名爱书人而已。// (1998年5月)

徐雁、于志斌与姜德明先生在书房合影

"美的封面,可以辅助美育……"
——姜德明先生与现代新文学书刊的装帧艺术

徐 雁

2012年12月18日，在京城是一个十分难得的风和气清的佳日。因为冬阳连日来对地面残雪的拼力消融，令人心厌的积尘和灰霾终于多少被净化掉一些了！这同时也成就了一个登堂访师、入室问学的好日子。这不，才下午二时许，当我与深圳海天出版社副总编辑于志斌、青年摄影师韩力一行，按响位于金台路人民日报大院里那个"未名书斋"的门铃时，主人已在洒满阳光的书房里备好茶，乐呵呵地等候着到访的宾客了。

一

虽说姜德明先生一直自谦其书房为"未名书斋"，实则为珍藏着诸多"五四"以来行将湮没的新文学旧书刊的宝库，早已是当代藏书家和藏书爱好者们心驰梦萦的"华夏书香地标"了。试看如下数笔：

德明爱书，广事搜罗"五四"以来的文学书刊，零本残籍，已经充塞小楼四壁。他是个有心人，不为书奴，每在编余披沙沥金，写成文章。不仅独具慧眼，发人所未发，而且为现代文学史添补不少资料。(冯亦代《书梦录》"代序")

　　前些时在北京,曾经到作者家里去作客。在书房里,他打开了书橱、书架,取出多年收集的书刊和一些作家的签名本给我看。这中间,有许多我曾经有过、曾经见过或久寻不获的书册,真是"如寻旧梦,如拾旧欢",使我感到了不寻常的高兴。同时也在想,作者大概是会搜得更多珍贵的资料,写出更多有趣的文章,给我们带来更多的新知识和愉快吧。(黄裳《书边草》序)

　　在姜德明先生的客厅里聊天,那简直是一种享受。现代文学史上的作家、版本,你说吧!几乎是每一位作家,关于他的成就,关于他的轶事,姜先生都会侃侃而谈——如数家珍;也常常是他谈着谈着,起身进了书房,一忽儿,不知几册有关的珍稀版本就捧在你的眼前了——变戏法儿似的!(杨良志《姜德明书话》推介辞)

　　当年,在人民日报社的工作岗位上,姜先生大抵是在离京出外采访时,见了些京外的新世面,就提笔写点散文,记录下旅行期间令其感到新鲜的生活感受;在京上班之余的家居期间,出门淘书之外,就尽量多读一点杂而有趣味的书,写下点随笔或者书话,因此,出自未名书斋主人"余时"(1990年底,姜先生在《余时书话》小引中说,"余时"是我的笔名,取"业余时间写作"之意)笔下的各种集子,不仅为各种出版社源源不断地提供了编印新书的素材,而且为各类图书馆增添了许多形神俱佳的藏品。

　　因此,我有时痴想着,在当今这个信息化的网络时代,假使有既热心又好事的网上书友，突然发起个遴选什么"新中国成立以来出书品种最多的文人排行榜"，那姜先生一定会金榜题名的。

由于腹笥甚丰而入冬以来少出家门的缘故，当我们奉上随带的鲜花、绿茶后一落座，身穿老棉袄的姜先生，便急切地与我们聊了起来。

他说，在1956年夏，时任中共中央副秘书长的胡乔木，曾指令《人民日报》要承担起"复兴散文"的重要任务，于是改了版的《人民日报》便恢复了文艺副刊，他被安排负责散文和读书栏目的编稿工作。他认为，散文可以迅速反映社会生活，而书话作品则能提高人们的文化素质，便一边约请唐弢、阿英先生写作书话，一边自己在京城大逛起旧书摊来，动笔给《天津晚报》写起了总题为"书叶小集"的随笔专栏，"好像也在追求某种意境，其实只想表白我在书林中漫步，无非随兴捡拾一些零枝片叶而已"。①

与我九年前首度拜访时一样，一旦随兴道及某本有名有姓的书刊，姜先生总会习惯性地起身，打开他那琳琅满目的宝贝书橱，顺手取出其中的某一册某一本，以佐证或进一步阐发刚才说过的话题。这无疑让人眼界大开，教益倍得。

如当谈及赵家璧先生时，姜先生就很快从书橱里找出了他在1984年9月5日在北京拿到《编辑忆旧》（三联书店1984年版

---

① 姜德明《拾叶小札》小序，复旦大学出版社2013年1月版，卷首。

的样书后,写在环衬页背面的赠书辞,让我们看到了他那珍贵的手迹,尤其是字里行间所包含着的文情和书谊:"敬赠给姜德明同志:是您在一九五七年那场暴风雨将来临的日子里,第一次启发并鼓励我写这类回忆文章。这个书名就是您当时为我起的篇名。二十七年后的今天,我能编成这样一本书,最先应当感谢的就是您!"

大概这就是登堂入室、接受亲炙的好处吧,因为此种文气丰盈的书房晤谈,往往知识的灵感、学识的光华和见识的火花,会随着谈锋所及而不时迸发——大凡在耳提面命中得来的学问,其鲜活度是在自己的书房中面壁苦读所不可得的。而也正是此行,笔者一行与姜先生达成了为他编选一部专论书籍装帧的图书,后来把书名商定为《辅助美育:听姜德明说书籍装帧》

二

基于少时在天津旧书摊上淘书自学的经验,姜德明先生对于"五四"以来新文学书刊的探求,在20世纪60年代,就已形诸文字、付诸行动了。他在晚年不止一次地表达过这样的怀旧情愫:"回想自己从青少年时代即喜欢新文学,当年在旧书摊前兴致勃勃地搜访旧本的情景,至今仍历历在目。"①可以想见,让姜先生历历在目、念念不忘的过眼书刊,一定还有那多姿多彩、美轮美奂的封面书衣。

1962年1月,姜先生就曾及时地记录下了长期生活在陕西长安县皇甫村,与黄土高坡上的庄稼汉模样没有二致的作家柳青对中国现代文学书刊装帧的强烈爱好:

他路过北京,我去翠明庄招待所看他,偶然同他谈起书籍装帧的事,没想到他对30年代左翼文艺书刊的装帧了如指掌,并且谈到他的《创业史》排版疏朗,封面素雅大方,都是他亲自过问并动手改进的。他开玩笑地说,这是知识分子的爱好,应该满足作家的这一愿望。这一次,我才切身感到柳青同志气质的另一面,而且联系到他的作品,也不难发现他的这种气质。这也是研究作家的生活和思想的很有趣的一个侧面。②

同月,姜先生还有感于《红色堡垒》(上海文艺出版社1961年版)"独具匠心,生面别开"的封面,写了《封面随想》一文,在对该书封面设计大声喝彩之后,发表了"书籍的封面,给勤于独创的美术家留下了发挥才智的广阔天地。我们有千种百样有趣味的书,

---

① 姜德明《柳青的心》,见《书梦录》,安徽人民出版社1983年9月版,第194页。柳青的文学代表作《创业史》,由中国青年出版社在1960年3月首次编辑出版。

② 姜德明《寻书偶存》小序,南京师范大学出版社2011年1月版,卷首。

也就有理由要求出现千种百样的封面装帧"的意见,并进而提出了"把近几十年来的优秀封面设计选出一批汇印成册出版"的建议。他认为,如能有这样的一个选本问世,既可检阅"五四新文学"依赖装帧艺术的成绩,又可促进当代封面装帧艺术的发展,还可以给读者增加热爱和欣赏书籍艺术的趣味,乃是一举多得的好事和美事。

当年12月,姜先生专门为中国现代出版史上的第一部书装画集《君匋书籍装帧艺术选》(人民美术出版社1963年版),写了一篇《钱君匋的封面画》予以推介。略云:"钱君匋和已故画家陶元庆,同时以画书籍封面而闻名一时。他们的创作活动先后受到过鲁迅先生的鼓励和启示。钱君匋早在二十年代便开始了他的书籍装帧艺术活动……封面设计是以图案装饰为特长的,在他早期设计的书籍封面风格上,色彩和谐明快,布局匀称简练,整个书的封面给人一种清新悦目之感……另一特点,是以他那深厚有力、圆润流畅的美术字而取胜的。"①

通过这数篇文章,姜先生明确地向读者昭示了自己对书籍装帧的强烈关注和特别爱好。因为仅在此前的四五年,当时政掀起"反右派"运动后,他就曾被人民日报社的一位年长的同事当面揭批过其爱好所谓"旧文艺"因而"思想陈旧"的倾向,以至于他很冲动地把连同上海晨光出版公司印行的李广田《引力》等书在内的

---

① 姜德明《钱君匋的封面画》,见《书边草》,浙江文艺出版社1983年5月版,第150—151页。

一批藏本赌气式地卖给了旧书店。①

在时代车轮把"左"的执政路线抛弃以后，大抵自20世纪70年代末开始，姜先生逐渐把自己对中国新文学书刊封面画的爱好之情，通过一篇又一篇的书话作品，毫不保留地奉献给了世人。他回忆说：

60年代初，我曾经鼓动钱先生撰写现代书籍装帧艺术史话，总结和介绍"五四"以来的优秀封面画的历史和封面画作家的经验。他兴致勃勃地开列了十几个题目，谈及商务印书馆、中华书局、开明书店等老资格出版单位的书籍装帧艺术家。大概只写了几篇吧，就因为当时的形势所限无法畅谈下去。那时不时兴"话旧"，更主要的怕是这些文章从侧面肯定了30年代文艺的成绩。不过从那以后，我倒一直惦记着这件事，希望钱先生还是抓紧把拟定的文章写出来，总算是一笔财富。②

1979年7月，姜先生先后写了《丰子恺的封面画》和《闻一多的封面画》两篇姊妹作。他在前文中说，"当代书籍装帧家钱君匋说过，他之从事书籍装帧工作，曾经得益于两位启蒙的老师，一位是鲁迅先生，一位是丰子恺先生"：

"五四"以后，随着"新文学运动"的发展，书籍装帧也开辟了

---

① 姜德明《书味集》后记，三联书店1986年7月版，第265—266页。

② 姜德明《钱君匋装帧画例》，见《书廊小品》，学林出版社1990年11月版，第185页。

一条新路,封面画开始被艺术家们重视了。丰子恺正是在这样一个蓬勃的新局面下,从事于封面画的创作……丰子恺的封面画具有鲜明的民族风格。这不仅因为他用的是中国画的工具和材料,更主要的是,他以深湛的传统文学修养,早就形成了他特有的艺术风格。他以简练的写意的笔墨,勾画出人物和风景,有时甚至带有一点象征意味,然而又不是畸形和费解的,真是驾驭自如,得心应手。凡有所作,正如他的漫画一样,自有一股吸引人的艺术魅力。

显然,姜先生十分钦敬丰氏"笔墨简练,颜色更为单纯"的封面画,认为"长时期的艺术实践,形成他独具的艺术趣味,他似乎十分吝惜色彩,不喜欢花花绿绿","这不仅因为他用的是中国画的工具和材料,更主要的是他以精湛的传统文学修养,早就形成了特有的艺术风格"。他为此呼吁:"可否搜集一些丰子恺的封面画,出版一本画集,让大家来欣赏借鉴呢?"

1983年底,姜先生在《廖冰兄的封面画》中指出,廖氏为徐迟《美文集》、罗荪《寂寞》、冯亦代译作《千金之子》所作的封面画,都"别有一种艺术趣味",他为照顾刻工奏刀的困难和套印时的麻烦,"所作的这些封面画多是粗线条的,基本上用色块来组成画面。又因为当时画家比较喜欢装饰图案,在艺术上追求一点象征的意味,所以看上去自成一家,很有特色":

正是由于木板套色不太严密,自然形成一种朴拙之美。这种风格同书籍所用的粗劣土纸亦很和谐,是战时后方出版物常见的形式……抗战时期土纸书籍封面设计，是值得美术家们重视的，当然，延安时期和各解放区土纸书籍的封面设计亦很珍贵。这是在一种特殊环境中产生的一批艺术风格独特的封面艺术，不能因为印刷条件变了，就忽略了它对今天的借鉴作用。应该说，今天的某些封面设计，还不及这些朴拙的封面设计有感染力。可惜我们还没有来得及认真地搜集和研究这些作品。就我所见，漫画家特伟在抗战期间亦作过一些优秀的封面画，如为夏衍同志的杂文集《边鼓集》所作的便是。①

遗憾的是，上述姜先生的若干富有创意的提议和建言，至今都没有化为现实。在当今充栋的书库中，依然找不到一本类似《丰子恺封面画》或《子恺书籍装帧艺术选》、《钱君匋说封面画作家》、《五四以来新文学优秀封面设计作品选编》之类的书，供专业内外的同好"欣赏借鉴"。这是当代爱好书文化的人，在书装艺术审美方面的一宗不小损失。然而，这个缺憾后来因姜先生的躬作亲为而部分地被弥补了。

三

早在1920年4月24日夜，在清华大学求学的闻一多先生就在其《出版物底封面》一文中，以当时市场上流行的杂志封面为例，

---

① 姜德明《廖冰兄的封面画》，见《书味集》，三联书店1986年7月版，第257—260页。

明确地提出了自己的"装帧观"。他认为,出版物封面图案在主体上的价值,可表现为三个方面:(1)"美的封面,可以引买书者注意";(2)"美的封面,可以使存书者因爱惜封面而加分地保存本书";(3)"美的封面,可以使读者心怡气平,容易消化并吸收本书底内容"。而在客体上的价值则是:(1)"美的封面,可以辅助美育";(2)"美的封面,可以传播美术"。

他分析说,在当时的中国,书刊封面装帧艺术不能发达的原由,除了"艺术不精"、"印刷不良"外,还有基于社会生活消费水平过低所致的书刊装帧成本的降低,以及中国"以前的书籍,没有美术的封面底要求"的文化传统上的原因。因此,如需从艺术角度加以改善,那么,除封面图画须合乎艺术要素、须与书的内容有关联或象征外,还需把握图画宜选长方形,且"不宜过于繁缛"的基本艺术原则。

为此,姜先生在《闻一多的封面画》中推许道,闻先生当年发表在《清华周刊》第187期上的这篇文章中的观点,都是"经验之谈,表现了他对封面装帧艺术的见解和浓厚兴趣"。他还披露,闻先生在昆明,曾同吴晗纵谈数十年来封面艺术的发展,吴晗以为,闻氏对"一本本的批评,提出他自己的看法,很在行、中肯"。

姜先生还在文章中十分内行地评论说:

1923年,闻一多的第一本诗集《红烛》出版,原来由他自行设计封面并作插图,终因经济和其他原因而作罢。不过封面画倒是反复地设计了几个,总认为脱不掉西洋味,没有一张满意的。闻一多是学西洋画的,但是他更看重民族绘画,以为中国画更擅于表现人的心灵。最后,他草草地用了蓝条框边、红字白底作《红烛》的封面,"自觉大大方方,很看得过去"。但在我们看来,似嫌呆板粗略了一些。

1928年出版诗集《死水》时,闻一多大胆地用了黑纸作封面,这是他最喜欢的颜色,只在中间贴以很小的书名、作者的签条。这个封面倒是独特的,至少吸引了年轻的诗人臧克家,他的第一本诗集《烙印》,便是完全模仿《死水》的装帧。

1933年,林庚的诗集《夜》出版,闻一多为它设计了封面。主要也是黑色图案,选用了美国画家肯特的一幅黑白画,朴素典雅,凝重大方。

闻一多还为徐志摩的书设计过封面,如1926年的《落叶集》、1927年的《巴黎的鳞爪》、1931年的《猛虎集》,黄底色,黑花纹,摊开书面就是一张虎皮,既泼辣有力,象征意味又浓郁,内容与形式高度谐和,可以说是"五四"以来新文学书刊装帧中不可多得的佳品。

这篇文章与《丰子恺的封面画》同写于1979年7月。后来,姜先生还曾撰文指出,丰子恺为俞平伯主编的文学丛刊《我们的七月》(上海亚东图书馆1924年版)、朱自清主编的《我们的六月》(上海亚东图书馆1925年版)作封面,"封面各用一种蓝和绿色,文字翻白,简朴中又显丰富,营造了强烈的装饰效果。这对那些喜欢滥用色彩的人无疑是个讽刺";而他为自己的散文集《教师日记》所作封面,在自己的手迹题签外,更选用儿女所画稚拙天真的《爸爸写日记》为封面图,与率真的丰先生的文笔相得益彰,"纯朴可爱,耐人吟味。"①

他说,丁聪的画"线条流利和装饰味极强","很少用大块的黑白,也不依靠光影的渲染,主要靠线条,而且常常只用竖线便准确地组成千奇百态、极富装饰效果的画面"。他为新文艺书籍所设计的封面也独具特色,"往往以人物为主,很少画图案和风景。这些人物肖像又不是简单的插图,简直有点像用简练的线条组成的带有雕塑感的绘画。我有点偏爱这些封面画,以为别的画家既没有试验过,也是无法模仿的"。并认为,他为《人间世》杂志所作封面,"亦富有艺术魅力"。②

可以说,上述一系列文章的撰写,为20年后姜先生决意以其历年藏书为依据,亲自编选一部中国现代书籍的装帧作品选,奠定了坚实的思想基础。

大抵从1997年到2002年,姜先生亲自编选了《书衣百影:中

---

① 姜德明《纯朴和率真》,见《书坊归来》,山东画报出版社1999年3月版,第49—50页。

② 姜德明《丁聪的封面画》,见《书味集》,三联书店1986年7月版,第262—263页。

国现代书籍装帧选，1906—1949》《书衣百影续编：中国现代书籍装帧选，1901—1949》和《插图拾翠：中国现代文学插图选》三部书，先后在三联书店编辑出版，一时走俏书市。据此，人们终于恍然大悟了姜先生对于新文学书刊装帧的鉴赏水准，以及作为"民国范"书装载体的新文学书刊的独特收藏价值。

沈泓在《故纸堆金——旧书报刊的收藏投资》中说：

藏书家姜德明先生恐怕事先没有料到，由他编著、两年前出版的《书衣百影》一书，如今被上海文庙旧书市场的不少书商奉为"圣经"。这本书收录有百种新中国成立前出版旧书的影印封面，书中还附录了简短的文字，对每种书的内容、著作者、装帧特色做了介绍。在文庙，一些书商按图索骥，将《书衣百影》内收录的书，每本以数百元甚至上千元的高价出售。

收藏民国旧书报刊，建议购买一本《书衣百影》，该书收录的全是民国时期出版的各种文艺书籍的封面画，而且系彩色精印，最大限度地还原了原书书衣的风采……熟悉新文学史的人都知道，许多文化名人对书衣都非常讲究。鲁迅、唐弢等在文章中多有论述。但将书衣作为专辑出版，而且还印得异常精美，《书衣百影》大概是第一本。在《书衣百影》中，我们还可以欣赏到陈之佛、关良等人的作品，这些人都是国画名家，然而他们在上世纪二三十年代设计的图书封面，则不能不让一般读者感到意外。有的藏家看到关良为钟敬文设计的《荔枝小品》时，惊喜不已。姜德明先生给每款书衣都配了短短的小文,或述书事,或考证版本,均隽永可喜。一册读过,新文学及书装艺术的知识,便会在不知不觉中增长不少。①

除了对美的封面画和书衣高声喝彩,试图唤起当代书装设计者的注意外,姜先生对于那些装帧拙劣、不待人见的书刊的批评,从来都是直言不讳的。

如他曾批评《女人与面包》的封面设计道:"这是一本装帧十分粗俗的书,就像旧社会马路电线杆子上贴的卖野药的广告一样,用一种蓝颜色,拙劣地画了一些怪体的美术字……"②,他批评《围城》(人民文学出版社1980年版)的封面设计说:"排除了先前设计(指1947年上海晨光公司初版以来各种版本的书衣——引用者注)的一切因袭,封面完全改观,几乎没有任何装饰,更不要说人物图影了。封面当然不一定出现人物形象,但这个封面又过于庄重古板了,甚至可以说缺少文学书的意味,与《围城》的声誉影响有些不相称。"③

他还曾不止一次地直言批评当年商务印书馆、中华书局版书

---

① 沈泓《故纸堆金——旧书报刊的收藏投资》第十章,上海科技教育出版社2004年12月版,第164、140页。

② 姜德明《女人与面包》,见《姜德明书话》,北京出版社2004年10月版,第3页。

③ 姜德明《〈围城〉的封面》,见《姜德明书话》,北京出版社2004年10月版,第157—158页。

籍缺乏书装美意识:"想想解放前'商务(印书馆)'和'中华(书局)'出版的书吧,那真是千篇一律,面孔古板,甚至连文学书和自然科学书也无可分辨,都是灰沉沉的颜色","当年历史比较悠久的商务印书馆和中华书局等,都有专门的书刊设计人员,一般说他们的出版物装帧设计偏于严肃规整,比较呆滞保守。偶请外面的美术工作者来设计封面,才有明显的变化,如丰子恺先生给商务印书馆设计的若干种新文学版本便有新意……""商务印书馆的书,一般封面都无装饰画,灰沉沉的面孔,显得呆板乏味。而《读书三昧》总算有了封面画,但是与译书的内容风格极不一致,画面上是条幅、烛台、线装古书,构图陈旧,无美可言。"[①]

1983年,姜先生曾旗帜鲜明地反对过当代书装界一度流行的请名画家动笔或用他们的现成绘作做书籍封面画的风气,他在一篇"微杂文"中指出:"有些书籍的封面,请名画家来动笔,这当中可能有好的,但就我看到的来说,大部分并不成功。一幅多么优秀的国画、油画、木刻也不能代替书籍的封面画,凑合是可以的。封面画有自己的性格,讲究色调简练、强烈,要有装饰味。大概画家碍于情面吧,即以平时的山水或花卉权作封面,结果就只能看画家

---

① 姜德明《读书三昧》,见《燕城杂记》,复旦大学出版社2012年4月版,第93—94页。

的名气了。也许选用画的细部可能效果要好些？亦难说。"①

针对有的作家为自己的作品画好插图一起印行成书的个例，他告知我们有小说《露露》的作者马国亮，有创造社的文人、藏书家叶灵凤，有张爱玲，还有叶鼎洛。他发表评论说："作家画插图不必反对，因为有的作家确实学过画，或本来就能画，例如端木蕻良先生为萧红的小说《小城三月》作的插图便很传神；张爱玲的画笔亦简练而有情致。但，也不必就此提倡，因为作家中能画的终究极少，不可因为已有作家的名衔再妄求画家的虚名了。"②

他还专门谈到过用摄影作品做书刊封面的问题，指出当年是赵家璧编辑的《良友文学丛书》最先尝试，因设计得当，尚"不失雅致品位"，但"也有人不喜欢用人物摄影作文学书籍的封面，认为缺少文学意味和书卷氛围"。他认为如今以作家头像作封面成为时尚，特别是20世纪90年代借助电脑科技手段制作封面装帧以来，"更是五光十色，眼花缭乱。现代感强了，商业色彩亦浓了，失去的却是朴素的文化气息。"③

---

① 姜德明《大地漫笔》，见《燕城杂记》，浙江文艺出版社1987年10月版，第227页。

② 姜德明《叶鼎洛的插画》，见《书坊归来》，山东画报出版社1999年3月版，第56—58页。

③ 姜德明《照片入封面》，见《文林枝叶》，山东画报出版社，1997年9月版，第194页。

至于有关新文学书装艺术的见识,也是所在多有,俯拾皆是的。如姜先生在《书籍装帧的艺术魅力》一文中说,"文人参与新文学版本的设计,是我国现代书籍装帧艺术史上的一大特色,形成新文学版本浓郁的文学气息和丰富多样的色彩。有的时候,读者欣赏和购买一本书,不全是因为书的内容,而是为了版本形式的优美而动心":

鲁迅先生在为自己和他人设计书刊封面时,总是照顾到书刊的内容和特性,选用不同性质的图案来作装饰,同时也不会忘记强调民族风格和现代气息。晚年他出版的杂文集更喜用色彩,在质朴素白的封面上,手书书名和签名,或只有一方鲜红的名章,非常传统,又非常清新,给人一种强烈的美感,带有创新的意义。鲁迅先生对我国现代书籍版本艺术的建立和发展,起到启蒙和推动的作用。当年,在他的周围团结了一批热爱书籍装帧艺术的青年美术家,如陶元庆、司徒乔、孙福熙、王青士、钱君匋等。我国新文学版本装帧艺术的建设,与我国文人办出版社的传统也有着密切关系。巴金先生参加并主持过上海文化生活出版社的编辑工作,他设计和筹划了许多书的封面装帧。他所主编的"文学丛刊",即靠素白的底色,衬出秀丽的仿宋体铅字,以大小不同的铅字排列变化,组成隽雅的封面,只是书名铅字的颜色稍有变换而已。作家丽尼、陆蠡、吴朗西,也参加了文化生活出版社另外几种丛书的设计,他们共同确立了文化生活出版社出版物的总体风格。①

在《与巴金闲谈》一书中,姜先生曾多次详细询问巴老关于"文学丛刊"及"文学小丛刊"、"文季丛书"的封面设计和文化生活出版社的商标等问题。如在1980年8月15日,当他在北京见到巴金先生时,便问询起了开明书店给他出版的数种小开本精装小说,得到的回答是:"那都是钱君匋设计的,可以说是袖珍本。我很喜欢他的设计。我自己保存的袖珍本原来都有,历年出的各种版本我都留了一种,'文革'中还是有些损失,现在想法补,很难了。"②

可见,读姜先生的随笔文章,让人十分受用的一份知识是,他会十分用心地向读者发表自己对所藏出版物书装设计的评论,无论是开本、封面,还是插图、题花等,还是书装设计人的种种信息,我们从中足以见出他对鲁迅、丰子恺、闻一多、巴金等老一辈文艺家所开创的新文学书装艺术传统的自觉继承和大力弘扬。

四

除了撰文介绍陶元庆、陈之佛等人的封面画作和书刊设计作品,姜先生还慧眼别具地注意到了漫画、插图、题花、开本、社标等艺术元素,如何更妥帖更和谐地同书刊出版物完美结合的问题。

---

① 姜德明《书籍装帧的艺术魅力》,见《新文学版本》,江苏古籍出版社2002年12月版,第24页。

② 姜德明《与巴金闲谈》,文汇出版社1999年1月版,第13页。

姜先生在《纯朴和率真》中指出,丰子恺"以漫画手法装饰书衣,亦开风气之先"。①而丁聪为吴祖光编的《清明》杂志设计的版面,画的插图,"至今为人称道,是版面设计最精美的一种刊物"。②

他在《美的〈青鸟〉》一文中,曾对该刊套色木刻制版的封面和题图赞赏有加,认为"显示了战时特色和画家、刻工的技艺"。③还在一篇短文中,赞扬了丁聪和徐启雄绘作的小题花:"现代画家中甘为报刊画些装饰性的小题花者不多,就笔者所见,老画家丁聪是一个,中年画家中则有徐启雄。须知,画这样的小玩意儿,往往是不署名的,于利恐亦寥寥。但是,他们仍然乐此不疲,自然显示了他们的见识和心胸。"他指出,"丁聪所绘的人物头像,以流利的线条勾画出传神的古今男女,至今丰富着《读书》杂志的版面",而徐启雄为《万叶散文丛刊》之《绿》所作近半百题花,则颇为动人。尤其是他为林遐散文《山水阳光》所制题花,"江南三月,小桥流水,诗意盎然"。④

————————

① 姜德明《纯朴和率真》,见《书坊归来》,山东画报出版社1999年3月版,第49—50页。

② 姜德明《丁聪的封面画》,见《书味集》,三联书店1986年7月版,第262—263页。

③ 姜德明《美的〈青鸟〉》,见《寻书偶存》,南京师范大学出版社2011年1月版,第200页。

④ 姜德明《大地漫笔》,见《燕城杂记》,浙江文艺出版社1987年10月版,第234页。

对于钱君匋的刊头画,他曾赞不绝口道:"如果说丰子恺先生的刊头画,多少还表现出一点情节性,那么,钱先生画的刊头则纯属图案。题眉画有的为半圆形,打破了版面的呆滞局面。花卉、双鸟、枝条的图案都富有生趣,并带有一种音乐感,给人以愉快的享受。刊头画笔墨非常准确、简练,增添了刊物的文学意味。"[①]

对于开本问题,姜先生关注亦久。他在1981年所写《开本小议》一文中提出,"书籍的开本完全可以根据内容的不同而有所变化",以便形成书装设计"不拘一格"进而"百花竞异"的局面。他为陈大远散文集《安徒生的故乡》被以36开本的形式印制成书,并辅之以"抒情风味"的书衣而撰文叫好,认为这体现了标新立异的"革新精神"。他由此联想到20世纪60年代,百花文艺出版社就曾出版一套包含有巴金《倾吐不尽的感情》、冰心《樱花赞》、孙犁《津门小集》等在内的散文丛书,开本纤巧,书装秀雅,"我便有过这样的经历,就是因为这开本的统一和装帧设计的精美,使我购买了本来不一定收藏的书"。[②]

诸如此类有关书刊装帧艺术方面的见解,吉光片羽,可谓鸿宝。姜先生为老一辈书刊装帧设计家树碑立传,为一部分新文学

---

① 姜德明《钱君匋的刊头画》,见《文林枝叶》,山东画报出版社1997年9月版,第170—172页。

② 姜德明《开本小议》,见《书梦录》,安徽人民出版社1983年9月版,第212页。

老书刊封面赏美斥丑,是在内心深处期待着通过对前辈经验的弘扬,前辈佳作的鉴赏,来尽量多地启迪来者的书装设计灵感和智慧,以推动当代书刊设计水平的提升。他的用心、细心和苦心,是令人感动的。

五

经过了鲁迅、巴金、赵家璧等文坛书界名家的大力提倡,陶元庆、陈之佛、丰子恺、司徒乔、叶浅予、钱君匋等艺术家的慧心探索,对于中国新文学书刊的封面画和书中插图的爱好,已完全不限于崇文爱艺的藏书家,而几乎是所有现、当代作家和文学爱好者的美学偏嗜了。

如诗人、翻译家卞之琳就精于书装艺术,姜先生披露:"他热衷于书的包装,诸如纸张、铅字的选择,行距的宽窄,色彩的运用等,可以说斤斤计较,不厌其烦,更不要说对书面整体风格的追求了。在他看来,一位作者从写作开始到完稿,直至印成怎样一本书,都要尽心,因为这是一个完整的创作过程。"①

在姜先生笔下,孙犁也是十分看重书籍装帧的,因为他曾经说过:"文学书籍本身便是一种艺术品。封面讲究,排版疏朗,拿起一本书,你的心情就可以平静下来。"而铁凝则在《怀念插图》一

---

① 姜德明《卞之琳与封面装帧》,见《文林枝叶》,山东画报出版社,1997年9月版,第173页。

文中表示："我第一次读孙犁先生的中篇小说《铁木前传》……是平装单行本，当时除了被孙犁先生的叙述所打动，给我留下深刻印象的，便是画家张德育为《铁木前传》所作的几幅插图，其中那幅小满儿坐在炕上一手托碗喝水的插图，尤其让我难忘"，"小满儿是《铁木前传》里的一个重要女性，我一直觉得她是孙犁先生笔下最富人性光彩的女性形象……张德育先生颇具深意地选择并刻画出孙犁先生赋予小满儿的一言难尽的深意，他作为上世纪五十年代的这幅插图的艺术价值，并不亚于孙犁先生这部小说本身……他画出了孙犁心中的小满儿，不凡的《铁木前传》因此具有了非凡的意义"。①

好书无已，求知不辍，知行并举，笃行实践，是质朴无华的姜先生处世行事的基本风格。因而只要有可能，他都会积极参与并张罗自己所著所编之书的装帧设计样式。

在上世纪八十年代前期问世的姜先生多种单行本文集，都是他自己借助独特的人脉，请到了素来心仪的前辈为之题签、作序、作封面的。如请叶圣陶题写书名而由钱君匋设计封面的《书边草》（浙江文艺出版社1983年版），请茅盾题写书名而由曹辛之设计封面的《书叶集》（花城出版社1985年版），由秦龙设计封面的《书梦录》（安徽人民出版社1983年版），请黄苗子题写书名而由梁珊设

---

① 铁凝《怀念插图》，见《桥的翅膀》，商务印书馆国际有限公司2010年版9月版，第164—166页。

计封面的《燕城杂记》(浙江文艺出版社1987年版)等。他回忆说:

《书边草》,一九八二年一月浙江人民出版社出版。第二年五月再版。我请钱君匋先生设计封面,叶圣陶先生题书名。圣翁做事认真,横写,竖写,既有简化字,又有繁体字,处处想到当事者的方便。

《清泉集》,一九八二年九月上海文艺出版社出版……我又请丁聪先生为本书设计封面,他画了一张草图,不满意,以为应题太实,让我不用,图稿可存我处留念。我从命转托曹辛之兄动笔,丁兄看后赞不绝口,谦虚地说,比他的设计既简练又含蓄。好在大家都是熟人,彼此相安无事,共为一乐。①

但他后来却反省道:"二十多年前,我刚刚出书的时候,心气极高,好像书中还有很多未尽之意,要在序跋里再讲上一讲,因此序跋文写得较长。同时出于自愿,或遵出版家之嘱,还邀请前辈作家写序,并请过茅盾、叶圣陶、钱君匋、黄苗子、曹辛之诸先生题写书签,设计封面,以为这样做不失传统,真是过于隆重了……"②于是,很快就从《清泉集》(上海文艺出版社1982年版)之后,有所改弦易辙。

但到晚年,当出版社越来越重视书装设计与出版物的关系的

---

① 姜德明《书外杂记——写在自著书边的短札》,见《拾叶小札》,复旦大学出版社2013年1月版,第142—143页。

② 《姜德明序跋》自序,东南大学出版社2003年3月版,卷首。

时候,姜先生还是故技复痒,力所能及地关注着自己作品集的问世形貌。无论是《寻书偶存》(南京师范大学出版社2011年版),还是《拾叶小札》(复旦大学出版社2013年版),我们最后所看到的书衣,都只有书装师的少许设计元素存在,而把大面积空白留给了读者,看似素面朝天,却有一种无以言说的洁雅之美。

六

姜先生的书房,是那种简朴得只剩下了书香和墨韵弥漫着的传统文人书房。一张两头沉的黄色写字台上照例压着一方定制的白玻璃,玻璃板底下,照例压着主人愿意朝夕晤对的字纸和照片。桌面上是草绿色罩着的白炽台灯,旁边是一只胖而肥大的笔筒,绝不是——古董文玩级的。桌旁边照例是不会有打印复印一体机的,自然没有键盘,没有电脑屏。但墙壁上钉着的,却是一个令天下读书人都要眼红的镜框,那是唐弢先生自作并楷书的一首五言绝句,记录的是一段到琉璃厂海王村中国书店淘书的情景:

燕市狂歌罢,相将入海王。好书难释手,穷落亦寻常。

但差不多就是在包括这间屋子在内的有限空间里,姜先生见书眼明,惟吾文馨,写出了他的一系列随笔和书话。无论是他的"四书"(《书边草》、《书味集》、《书廊小品》、《书坊归来》)、"八集"(《书叶集》、《清泉集》、《雨声集》、《绿窗集》、《书味集》、《王府井小集》、《流水集》、《不寂寞集》),还是"二话"、"三记"(《余时书话》、《姜德明书话》及《燕城杂记》《猎书偶记》《人海杂记》),以及"三叶"、"三梦"(《书叶集》、《书叶丛话》、《拾叶小札》及《书梦录》、《梦书怀人录》、《书摊梦寻》),及其据家藏旧书老杂志编著的《北京乎》《如梦令——名人笔下的旧京》、《书衣百影:中国现代书籍装帧选》及其续编和《插图拾翠:中国现代文学插图选》等,源源不断地出品,林林总总的书目,使人目不暇给地接受着作者淘书、访书、救书、藏书、读书的丰富见闻,那似已随时飘逝的文艺时尚,那将与岁月恒在的书香魅惑,让我们潜移默化,得以了解其所藏阅的新文学旧书和陈报老杂志的珍贵人文底蕴和时代意义。

因此,早在十年前,我就引导南京大学2002级硕士研究生朱敏同学开题研究了与书为友的姜先生。她在题为《姜德明的书籍世界》的硕士论文中,有一题概述了姜先生对书装艺术的关注:"读姜德明的书话,会有一个明显的感受:他很留心介绍书刊的外部形态,包括开本、用纸、插图和封面设计等。版本学中当然也注意著录书籍的外部特征,但姜先生这样做,可能更多的是出于他对书籍装帧艺术的关注和喜爱","姜德明写过不少专门介绍书籍装帧艺术的文章……我认为,含蓄之美和书卷气息、对作品氛围的准确传达、不拘一格的新尝试,这些都是姜先生所欣赏的。"[①]

……伴随着暖意洋溢的冬阳,今天姜先生的谈兴真是高极了!

[①] 朱敏《姜德明的书籍世界》(下),见《天一阁文丛》第2辑,宁波出版社2005年1月版,第192页。

其慢言细语如同源头丰沛的活水泉流,又如可以流觞的山阴曲水,随意宛转,令人如坐春风。可是恼人的夕阳却在不断西斜,面对着未曾午休的姜先生,我们虽然眷恋着未名书斋里的茶座和主人的谈吐,但心中打扰如此之久的不安和歉意,早已在发酵。晤谈千言万语,终得拱手一别。就这样带着些许遗憾,在合影留念之后,在恭请主人多多保重并相约下回再会的惜别声中,我们告辞而出。

我设想,再次登临未名书斋拜访主人的时候,该是我们捧上已经问世的《辅助美育:听姜德明说书籍装帧》,请他老人家签名、题辞、盖章的欢愉时刻了。

记得在1995年秋,姜先生于《书摊梦寻》一书的"小引"中说:"少年时代,我是从天津旧城北门西的旧书摊上开始寻觅课外读物的……最爱去的还是天祥商场二楼的旧书摊","现在几乎找不到真正的旧书摊了。可是我在梦中依然去巡游。常常在丛残中发现绝版的珍本,醒来却是一场空,不禁顿生寂寞。说真的,梦中所见的书格调高雅,连封面设计也不像今天的那样五颜六色,看了令人(心里)闹得慌。"[①]

他还认为,"有的时候,读者欣赏和购买一本书,不全是因为书的内容,而是为版本形式的优美而动心","我便有过这样的经历,就是因为这开本的统一和装帧设计的精美,使我购买了本来不一

---

① 姜德明《书摊梦寻》小引,见《姜德明序跋》,东南大学出版社2003年3月版,第56页。

定收藏的书";"书衣的装饰并不排斥色彩,但过于喧闹和浮躁的设计,会破坏了沉静和谐的读书环境";"我一向以为,书的浓妆艳抹容易做到,淡雅清隽则难。可惜如今书市上只见浓艳与华丽,出自天然的秀雅较稀见。殊不知本色之美耐端详,非一闪而过的虚饰、炫耀可比也。"①

这种种意见,是作为藏书家的姜先生的观感和体会,其实也是他作为书作者和曾经的出版人的一种追求。我指导的南京大学2013级硕士研究生马德静在其本科毕业论文《姜德明先生的现代文学版本观》中分析说,姜先生曾检讨自己少年时因生活在天津这样的大都市里,很容易接受赵家璧主编的《良友文学丛书》(上海良友图书印刷公司1933—1937年版)和《中国新文学大系》(上海良友图书印刷公司1935—1936年版)这种带着东、西洋派头的印装豪华本,后来年龄渐长,见识稍多,才更喜欢"朴实淡雅的风格"。②而姜先生对中华民族传统艺术的珍视,也体现在对新文学书刊装帧的鉴赏中。作为一帧具体的书衣,"应重视其装饰的作用,采用简洁的、象征性的语言,而不必勉强配合书籍的内容,进行图解式的创作"。

---

① 姜德明《卞之琳与封面装帧》,见《文林枝叶》,山东画报出版社,1997年9月版,第173—174页。

② 姜德明《忆赵家璧》,见《文林枝叶》,山东画报出版社1997年9月版,第76—77页。

诚然,当年姜先生在研究20世纪30年代初钱君匋的《装帧画例》时,特别欣赏其开篇的论述:

书的装帧,于读书心情大有关系。精美的装帧,能象征书的内容,使人未开卷时,先已准备读书的心情与态度,犹如歌剧开幕前的序曲,可以整顿观者的感情,使之适合于剧的情调。序曲的作者,能撷取剧情的精华,使结晶于音乐中,以勾引观者。善于装帧者,亦能将书的内容精神翻译为形状与色彩,使读者发生美感而增加读书的兴味。①

既然晓得了姜先生内心最为喜欢简约、明快而具本色之美的书衣装帧风格,那么,《辅助美育:听姜德明说书籍装帧》的书装,便在我的提议下,请出版方特邀了江南知名书装设计家周晨先生来做。我们热切地期待着,姜先生在看到这部新书之后,会觉得是暗合了自己心意的——假如真是这样,那这也就是我和年轻的"姜丝们",对未名书斋主人的一份特别体贴和孝敬了。

去年底在京城金台路重访"未名书斋",除获得了《辅助美育:听姜德明说书籍装帧》的选编注释本授权外,我还有一份重要的收获,那就是姜先生为我雁斋珍藏多年的他的数本著作题了辞。

如他在《梦书怀人录》的扉页上题写了"我的爱跑旧书摊和藏书,当然与喜爱文学有关。秋禾书友藏本嘱题",墨迹未干,我便福

---

① 姜德明《钱君匋装帧画例》,见《书廊小品》,学林出版社1990年11月版,第186页。

至心灵,眼明手快地拈起书桌上的一方图章,在姜先生落款的下方盖上了仅有一个"姜"字的朱文姓氏图章。

当姜先生在《书梦录》扉页上题写好了他在《半农买书》一文开篇中的话——"文人春节逛厂甸的旧书摊,早已是消失了的旧梦。雁斋主人藏"后,我又迫不及待地拈起书桌上的两方图章,先在落款的右旁边盖上了他的白文名章,再将那方朱文的"姜"字图章给钤印到了题首文字的左旁。

我之对于姜先生题辞钤印本的看重,是因为在2003年秋,他在邮赠我的《守望冷摊》(中共中央党校出版社2002年1月版)前衬页上题写过这样一句话:"欣闻徐雁先生新撰《中国古旧书业史》,此乃前人不曾做过的工作,望能早日完稿。"当时钤印的,即是一方中规中矩的白文名章。如今,拙稿书名易为《中国古旧书文化史》,凡二百余万字,拟分上、下两册交于科学出版社编辑,已有望于乙未年冬日问世。

癸巳年寒露节后三日于金陵江淮雁斋

图书在版编目（CIP）数据

辅助美育：听姜德明说书籍装帧 / 姜德明著；徐雁，陈欣，马德静编注. —深圳：海天出版社，2015.8
ISBN 978-7-5507-0941-6

Ⅰ.①辅… Ⅱ.①姜… ②徐… ③陈… ④马… Ⅲ.①书籍装帧—研究 Ⅳ.①TS881

中国版本图书馆CIP数据核字(2013)第312110号

辅助美育：听姜德明说书籍装帧
FUZHUMEIYU: TING JIANGDEMING SHUO SHUJI ZHUANGZHEN

出 品 人	陈新亮
责任编辑	李向群
责任技编	梁立新
责任校对	黄海燕
书籍设计	周　晨

出版发行	海天出版社
地　　址	深圳市彩田南路海天综合大厦（518033）
网　　址	www.htph.com.cn
订购电话	0755-83460202（批发）　83460293（邮购）
印　　刷	深圳市华信图文印务有限公司
开　　本	889mm×1194mm　1/32
印　　张	7.375
字　　数	131千
版　　次	2015年8月第1版
印　　次	2015年8月第1次
定　　价	58.00元

海天版图书版权所有，侵权必究。
海天版图书凡有印装质量问题，请随时向承印厂调换。